中部大学ブックシリーズ
アクタ
CHUBU UNIVERSITY

土岐川・庄内川源流
森の健康診断
―恵那の森からの学び―

上野 薫・南 基泰 編著

風媒社

推薦の言葉

　日本は、温暖な気候と豊かな土壌に育まれた、生物多様性の高い国です。国土の約7割が森林であり、私たちは四季折々の景色や美味しい恵みをあまりにも普通に享受してきました。その豊かさのために、私たちはその森林の4割が人工林であることを知らなかったり、忘れてしまいがちです。一番身近に存在する森である人工林が今どんな状態にあるかなど、土砂災害や洪水被害にでも遭わない限り、考えることはあまりありません。

　本書は、2000年9月に東海豪雨で大きな被害を受けた愛知県と岐阜県の双方を流れる土岐川・庄内川の源流域の人工林が、実際にどんな状態であるのかを地道に調査した貴重な記録です。地元の強い思いと、それに共感した同じ流域圏の市民、それに大学生という若い力が、これほど粘り強く一体となって協働することができたのは、全国でも稀なことです。負の遺産の記録だけではなく、明るい未来を描くためのチャレンジする勇気と実行力のエッセンスも満載です。どうぞ、本書をじっくりとお読みいただき、持続可能な未来へのよりよい環境づくりへと繋げていただきたいと思います。

2016年1月

学校法人中部大学　理事長・総長

飯吉 厚夫

はじめに 〜地元の思いを込めて〜

柘植 弘成

　「土岐川・庄内川源流域　森の健康診断（以下、森の健康診断）」を始めた頃は、中部大生、生産森林組合役員、財産区の役員とそのOB、山主、山の案内人などが協働で、庄内川源流域を中心とした岐阜県恵那市の主な人工林を重点的に調査できればと思っていました。しかし、地図上に記載した調査予定地点の調査が大体終了する頃になると、さらに地域の水道水源林（簡易水道）や山岡町の人工林まで調査対象地域が拡大していきました。それだけではなく防災と人工林の関連を調べるため、土岐川源流域の恵那山、屏風山断層での土石流危険地帯の人工林も調査地点となっていきました。その結果、土石流を防ぐための間伐が急務であることがわかりました。さらに、地元では間伐材の利活用に取り組む団体も誕生しました。

　今一つ重要なことは、森の健康診断を縁に、川でつながった未来志向の交流が様々な方々と始まったことです。そして、これまでつながりのなかった上・中・下流における地域の交流が始まりました。私は、これを契機に流域の自治体、団体が集まる河川サミットを提案したいと思っています。森の健康診断を通じて、河川文化の見直しを始め、源流地帯の山林を河川流域の皆さんと一体となり、災害のない山林と河川を構築することが急務と考えています。

　常に未来志向で進んでいけば、何かが生まれると思っています。

　森の健康診断の開始以来、様々な活動を支えてくれた中部大学の先生方と学生の皆さんには深く感謝しています。

Acta26
土岐川・庄内川源流 森の健康診断
～恵那の森からの学び～
目次

推薦のことば　飯吉厚夫　3

はじめに～地元の思いを込めて～　柘植弘成　4

第1部　森の健康診断にかけた思い　8
第1章　ことのはじまり、大学の思い　寺井久慈　8
きっかけと組織づくり　8／意義・目的　10／10年の成果　10

Topics1●地域の学びの拠点を目指して　中部大学研修センター　南 基泰　11
中部大学研修センターの経緯　11／中部大学研修センターの自然　12
地域の学びの拠点　13

Topics2●人工林の現状と問題点　上野 薫　14
森林に対する低い認識　14／源流域の人工林の割合と所有者あたりの面積　14
森林の所有者、現在　15／人工林の拡大と林業の衰退　16

第2章　事務局の思いとねらい　村上誠治　17
思いとねらい　17／心掛けたこと、苦労したこと　19／何を得たか　19

Topics3●森林管理の歴史　上野 薫　20
「森林組合は管理者ではないのか」という疑問　20
森林所有の歴史　21／現在の森林組合　22

第2部　森の健康診断から得られたこと　24
第1章　調査の10年　上野 薫　24
調査目的　24／調査方法　24／調査地点　25／植栽木の状態　25
林床植生の状態　27／浸透能　28
本当に弱い森だった！2013年3月の雪折れ被害　31

Topics4 ●土岐川流域の自然　南 基泰　33
　　　　土岐川流域の地形　33 ／瀬戸層群　34
　　　　東海丘陵要素植物　35 ／ヒトとの関わりが必要な自然　35
　　Topics5 ●ネズミの好きな森　上野 薫　36
　　Topics6 ●植生と斜面崩壊　杉井俊夫　37
　　　　はじめに　37 ／斜面の崩壊形態と崩壊のメカニズム　37
　　　　植生と斜面崩壊の関係　40

第2章　運営の10年　村上誠治　43
　　参加者数の推移と内容　43 ／継続できたわけ　44 ／まとめ　46
　　Topics7 ●ワンプラスの「森の健康診断」　鈴木康平　46
　　　　森の健康診断に参画しようと思ったもやもや？　46
　　　　人海戦術である森の健康診断、参加した市民の力　47
　　　　私のもやもやはどうなった？　47
　　　　森の健康診断には、ワンプラス、ツウプラスの何かがある　48
　　　　新たなワンプラスの「森の健康診断」を祈念　49

第3章　人材育成の10年　上野 薫　50
　　Topics8 ●森と海を繋ぐ物質　上野 薫　52

おわりに　上野 薫　55

引用・参考文献　57

附録　調査マニュアルと調査票　58
　1．調査地の測定と土壌調査マニュアル（作成者：矢作川森の健康診断実行委員会）
　2．植生調査マニュアル（作成者：矢作川森の健康診断実行委員会）
　3．人工林の混み具合調査マニュアル、密度管理図（作成者：矢作川森の健康診断実行委員会）
　4．浸透能調査マニュアル（作成者：土岐川・庄内川源流 森の健康診断実行委員会）
　5．浸透能実験調査票（作成者：土岐川・庄内川源流 森の健康診断実行委員会）

第 1 部
森の健康診断にかけた思い

第1章

ことのはじまり、大学の思い

寺井 久慈

きっかけと組織づくり

　伊勢湾名古屋港の最奥部、庄内川・新川の河口部に位置する藤前干潟では、名古屋市のゴミ埋め立て最終処分場とする計画により1994年から環境アセスメントが行われ、1998年8月に環境影響評価書が提出されました。しかし、住民運動や環境省の干潟保全の強い働きかけによって名古屋市は干潟埋め立てを断念し、資源回収を徹底して埋め立てゴミをゼロにするべくゴミ行政を180度転換しました。これによって藤前干潟は2002年11月にラムサール条約登録湿地として承認されました。

　その後、伊勢・三河湾の富栄養化、貧酸素水塊の蔓延という現状から、藤前干潟の保全に留まらず伊勢・三河湾流域全体の環境保全・再生の必要性が認識され始めました。2003年1月と2004年1月には国際エメックスセンター（Environmental Management of Enclosed Coastal Seas：我が国では瀬戸内海に始まった、閉鎖性海域の環境管理について国際交流を行う組織）の協力で「豊かな伊勢・三河湾を取り戻したい人々の交流会」が開催されました。そして2004年春から夏にかけての伊勢・三河湾の主な干潟でのアサリ調査や河川河口域での海の健康診断（魚介類の生存が困難となる溶存酸素濃度30％以下の状況が常態化していることを把握するために、伊勢・三河湾に流入する100河川の河口で市民参加により酸素濃度を測定）の取り組みを経て、2005年1月に「伊勢・三河湾流域ネットワーク」（2002年の藤前干潟ラムサール条約登録を契機として、豊かな海「伊勢・三河湾」を取り戻すために行政の壁を越えて

産・官・学・民の協働による伊勢・三河湾流域の環境保全・再生を目指す様々なNPOをつなぐ組織）が発足したのです。

2005年3月15日には愛知万博が開幕しました。この万博に協賛する事業として中部大学エクステンションセンター（一般の方々を対象に公開講座を主催するセンター）から「森」をテーマとする公開講座の企画を

図1 2005年5～6月に開催された中部大学エクステンションセンター公開講座「森から人へ いのちの水脈」プログラム

依頼され、「森から人へ いのちの水脈」全9回の講座を2005年5月から6月にかけて開催することとなりました（図1）。この講座では森林の現状や、森と海のつながりを理解してもらい、伊勢・三河湾流域で森と海の環境を市民の目で確かめることが重要と訴え、実際に岐阜県恵那市の庄内川源流の森の現地視察ツアーを150人規模で実施しました。

この現地視察ツアーがきっかけとなり2005年10月に第1回土岐川・庄内川源流 森の健康診断（以降、森の健康診断）が開催されることになり、以後毎年、2014年10月まで10回開催されました。

森の健康診断は「伊勢・三河湾流域ネットワーク」発足の流れを汲み、川と森をつなぐ仕組みとして「矢田川・庄内川をきれいにする会（矢田川・庄内川ネットワーク）」と恵那市各地域の生産森林組合を母体として始まりました。また、土岐川・庄内川流域に3つのキャンパス（愛知県：名古屋市、春日井市、岐阜県：恵那市）を保有する中部大学の教員・学生が実働部隊として活動を牽引しました。

意義・目的

　森の健康診断は2005年6月に愛知・岐阜・長野の三県を流れる矢作川の流域で始まりました。2000年9月の東海豪雨による山林崩壊の根源が植林地の手入れ不足によることを市民参加の調査で明らかにすることが目的でした。一方、我々の森の健康診断はこの矢作川森の健康診断の調査方法を継承するだけではありませんでした。その特徴として、前出の公開講座の「森林の水源かん養機能」や「緑のダム効果」を学生のパワーで検証するために「森林土壌の水の浸透能」調査を取り組んだことにありました。このように科学的に質・量ともに高度なことができたのは、中部大学が恵那市武並町に研修センター（以降、恵那キャンパス）を所有していたからです。2001年の応用生物学部発足以来、恵那キャンパスをフィールドとした研究と教育を展開してきたおかげで、恵那キャンパスを森の健康診断の拠点とすることができたからです。

　当初、とにかく「10年間調査」して「現状を把握しよう」ということで始めました。毎年調査地点を検討する中で、地元から屏風山断層周辺や土岐川の水源の人工林がどのような状態にあるかを明らかにしたいということで、第4回（2008年）からは焦点を絞って取り組むことになりました。このような取り組みは、既成のハザードマップに加えて山林崩落の危険性を明らかにしただけではなく、地域の防災意識の向上にも貢献できました。

10年の成果

　森の健康診断は、初回に土岐川・庄内川下流域の住民が2000年東海豪雨の被害を目の当たりにして、源流域の森がどのような状態になっているのか確認したいということで始まりました。そのおかげで上流域の岐阜県恵那市と下流域の愛知県清須市とが交流する契機にもなりました。

　中部大学では、当初から応用生物学部の4人の教員（寺井久慈、南基泰、

上野薫、愛知真木子）と学生が調査に積極的に参加してきました。森の健康診断で採取された土壌サンプルは中部大学の上野薫研究室で浸透能の解析がされ、学生の卒業研究論文のテーマにもなりました。また、第3回（2007年）以降は工学部の杉井俊夫研究室も参加して大学としての取り組みを広めるとともに調査の学術的基盤を強化することができました。さらに第3回（2007年）以降の報告書の編集・発行は中部大学で担当することになり、学生がボランティアとして編集に大きく貢献しました。第5回（2009年）以降は中部大学においてリーダー養成講座を開催して学生リーダーを育成し、調査の準備や実施を担当しました。このことは学生の自主性・指導性を引き出すとともに、恵那市で開催される実行委員会への参加や現地の下見を通じて現地サポーターとの交流などに貢献しました。

2005年に始まった10年間の森の健康診断の取り組みは、2005年〜2014年のESD（Education for Sustainable Development；持続可能な発展のための教育）活動の10年と同時進行しました。森の健康診断が中部大学のESD活動を推進する原動力となり、中部大学に中部ESD拠点を設置することに繋がったことも一つの成果といえます。

Topics ● 1
地域の学びの拠点を目指して　中部大学研修センター

南 基泰

中部大学研修センターの経緯

恵那キャンパスとよばれることの多い中部大学研修センター（岐阜県恵那市武並町）は、JR中央線武並駅すぐ南、線路に沿って間口約600m、奥行約1000mの丘陵地に位置しています。面積40万㎡、高低差60mもあり、季節ごとに表情のかわる恵那山や笠置山を望むことができます（図2）。

恵那キャンパスは、鶴舞（愛知県名古屋市）、春日井（愛知県春日井市）

図2　中部大学研修センター（2008年）

に続いて建設された第三のキャンパスです。既に1970年代の初期の段階で、春日井キャンパスの大幅な拡張は困難と考え、新たなキャンパスを鶴舞、春日井と連絡のよい旧国鉄中央線沿いに探しました。その結果、旧国鉄中央線武並駅南の丘陵地（用地の3分の2は竹折森林組合の共有地、残りは私有地）を候補地として探しあてました（大西、1989）。1972年11月に建設が始まり、新入生オリエンテーション、ゼミ、クラブ合宿に利用されてきました。しかし、恵那キャンパス内の自然環境に大学関係者の関心が向くことはなく、昭和から平成へと時間が流れました。

中部大学研修センターの自然

ここに恵那キャンパスができる前の様子がわかる1969年に撮影された航空写真があります（図3）。この頃は、今のようなうっそうとした二次林やスギ・ヒノキの人工林はまだなく、裸地も多く残る丘陵地だったことがわかります。

図3　中部大学研修センター予定地（1969年）。予定地は中央の丘陵地

その後、恵那キャンパスの整備に伴い、敷地の一部にはスギやヒノキなどが植栽されましたが、それ以外の場所はほとんど放棄された状態でした。その結果、放棄された場所は、アカマツを主とした針葉樹林と落葉広葉樹林の混合林や、常緑広葉樹林となり、土岐川流

域と同じ植生が成立しました。2001年に応用生物学部が開設されてからは、研究フィールドとして、多くの学生によって恵那キャンパス内の自然環境が明らかになってきました。これまでの調査結果から、恵那キャンパス内は森林だけでなく、複雑に入り込んだ沢筋や土岐砂礫層に成立した湿地などには東海丘陵要素植物（東海地方の丘陵地の湿地やその周辺の痩せ地にのみ分布する固有種、準固有種や隔離分布種）も生えており、様々な生態系がみられます。植物種だけでも250種近く（南、2004）、昆虫に至っては366種（堀川、2005）が確認されています。多くの植物や昆虫が生育しているため、それらを餌とするような哺乳類についてはタヌキ、ノウサギ、キツネなどの典型的な里山的構成種11種（久保ら、2007）の生息が確認されています。

恵那キャンパスでのフィールドワークを通して、多くの学生が里山の二次的自然環境の普遍的な価値と、土岐川流域に固有の自然環境を知ることができるようになってきました。

地域の学びの拠点

森の健康診断が始まってからは、恵那キャンパスは森の健康診断の開会式場だけでなく、その後の森の健康診断成果報告会にも利用されてきました。その他にも、地域の方々と共同で実施している市民と学生の学びの場「恵那・森の学校」として自然観察会などにも利用され、地域の自然環境を学ぶ拠点として機能するようになりました。このように大学の施設を開放することは、かねてより地元から熱望されてきたことでもありました。

森の健康診断が10年間継続できたのはマンパワーと恵那キャンパスという活動拠点があったからです。

Topics ● 2
人工林の現状と問題点

上野 薫

森林に対する低い認識

　日本国土に占める森林面積の割合は、約7割です。そのうちの人工林は約4割を占めています。このことから単純に考えると、私たちが無意識あるいは意識的に活用している森林の恵みの4割は人工林に委ねられているということになります。この人工林の恵みを受けられなくなったとすると、私たちの暮らしはどうなるでしょうか。

　人工林の問題を身近に感じてもらうために、大学の講義でこのような質問を投げかけることがあります。しかし、多くの場合、その前に「人工林」の説明をしなくてはなりません。高校生に話す場合も同じです。高校の基礎生物では「落葉広葉樹」や「針葉樹」は習っても、天然林(人工林の反義語)や自然林(原生林)、人工林(植林された林)の区別は殆ど習わないようです。おそらく、「人工林って何？」これが一般的な日本人の理解です。

　本トピックスでは森の健康診断の舞台となった土岐川源流域の人工林の状況と林業の衰退について説明します。

源流域の人工林の割合と所有者あたりの面積

　土岐川と庄内川は同一河川で、どちらも一級河川に指定されています。同じ河川ですが、源流域の岐阜県内では土岐川、愛知県では庄内川とよばれています。岐阜県と愛知県の県境付近では玉野川とよばれる部分もあります。森の健康診断の舞台となった源流域では土岐川とよばれているので、本トピックスでも土岐川とよぶことにします。土岐川は夕立山(標高727m、岐阜県恵那市山岡町久保原)を源流とし、ラムサール条約登録湿

地である藤前干潟までの 96km を流れ下り伊勢湾に注ぎます。流域面積は約 10 万 ha（1ha は 100m × 100m）にもなります。そのうち山地面積は約半分、源流域の山地面積はその約 7 割も占めています。つまり、この流域では源流域が、山地としての役割を大きく担っていることになります。流域内の森林面積は、源流域だけでも約 2 万 9 千 ha、そのうち半分の約 1 万 4 千 ha は人工林が占めています。全国の森林に占める人工林の割合よりも 1 割ほど高くなっています（丹羽、2006）。

2014 年度の土岐川源流域の人工林の管理面積規模を調べてみると、100ha（1km×1km）未満という小規所有者は民有林所有者の約 96％を占め、その中でも 10ha 未満が約 36％と高い割合を占めていました。民有林の所有者数は約 1 万 5 千件と多く、予想よりはるかに小さな面積で所有されていました（岐阜県恵那市農林課、2015）。このような「小面積・多所有者」の状態は、所有者間の意思疎通が難しく、多くの人工林で間伐遅れがなかなか解決されない要因の一つとされています。

森林の所有者、現在

森林を管理する上で、管理責任者の明確化は最も重要な問題です。現在の日本の森林は、国有林と民有林に分けられます。国有林は林野庁をはじめとする国の機関が所有し、森林全体の約 3 割を占めています。民有林は残りの約 7 割を占めていて、さらに都道府県や市町村が所有する公有林（約 2 割）と、個人や企業が所有する私有林（約 8 割）に区分できます（林野庁、2014）。管理責任者は、各区分の責任者となります。例えば「財産区有林」は市町村の合併などにより設定された旧市町村もちの共有財産なので、公有林です。「共有持ち」とは生産森林組合や自治会、神社などが保有している森林で、民有林です。人工林は、これら全ての区分に存在しています。私有林の所有者（山主）は現在では森林の所在地周辺に居住せず、所有する森林に入ったこともない、いわゆる「不在者山主」であるこ

とが多いです。さらに所有する森の境界線もあいまいな場合が多いことも人工林の管理が進まない要因の一つと考えられています。

人工林の拡大と林業の衰退

　私有林の多くは、1954年の国による拡大造林政策以降に、それまでは里山として利用されてきた落葉広葉樹林が、スギやヒノキの人工林に変わっていきました。この人工林は植えた木を伐採して、商品化するための生産林です。第二次世界大戦前後にかけて国内中で森林が大量に伐採されたため、戦後復興に必要な木材が不足していました。拡大造林政策は、この不足を解消すべく施行されました。しかし、本政策施行のわずか10年後には木材輸入の完全自由化が開始となりました。これにより新しく植えた木が十分に成長して出荷可能になる前に、安価な輸入材が流通してしまい、残念ながら日本の林業は長い低迷期に突入しました。1960年代から70年代にたくさん植えられたスギやヒノキは、今や45年から65年が経ち、出荷に適した時期を迎えています。しかも、現在の国産材の価格は輸入材と同等もしくは安価になりました。それなのに林業が衰退状態から脱却できないのは、輸入材が季節を問わず安定的に入荷され、品揃えも豊富であるためです。

第2章

事務局の思いとねらい

村上誠治

思いとねらい

　2005年10月29日、雨の中集まった235人によって第1回森の健康診断が行われ、その後、2014年の第10回で一区切りを迎えました。

　森の健康診断を始めた**第一のねらい**は土岐川・庄内川源流域のスギやヒノキの人工林を調査して、その実態を知ることでした。庄内川の中下流域での環境保全と再生の運動を通して、私は川の環境保全と再生には源流から河口（場合によっては海まで）という流域全域で、まず実態を知ることが必要だと考えました。2005年6月に開催された矢作川森の健康診断に参加して、まずは土岐川・庄内川で同じことをやってみようと決意しました。そして、仲間と土岐川・庄内川の源流域である恵那市を訪れました。地元の人たちから「街のものが何を言っとる」と相手にされないのではないかと当初は恐る恐る接触しました。すると「そういう話を待っていた」といってくれたのが、当時は恵那市の野井生産森林組合役員や恵那市議でもあった柘植弘成さんでした。いろいろ話をするなかで中下流域の人々は、源流域のことをもっと知りたがっていること。反対に源流域の人たちは、もっと中下流域の人たちに知ってもらいたいと思っていることが分かりました。そうなると話は早く、生産森林組合や山主さんらに声をかけると大勢の人々が集まってくれました。2005年中京テレビの取材で地元の山主さんらの協力を得るのは大変だったのではと聞かれた私は「いえ、待っていたのだと歓迎されてこちらが驚くほどでした」と応えています。

第二のねらいは、源流域のスギやヒノキの人工林の実態を中下流域の市民に体験を通して知ってもらうことでした。中部大学やその他の環境グループのメンバーなどに呼び掛ける一方で、マスコミにも働きかけました。結果、多くの市民が緑豊かな外見とは異なる光が射さない暗い、細い人工林の木々の姿を実体験を通して知ることができました。

　第三のねらいは、大学に関わってもらうことでした。調査に学術的な裏付けを得る、大学の研究室の実践的な教育研究にも寄与する。そして、学生の皆さんが人工林の問題を実体験することで人工林に関わる人材を育成する。若い学生さんたちが入ることで地域を活性化することなどです。当初から中部大学応用生物学部の複数の研究室が積極的に関わってくれました。

　第四のねらいは、中下流（街、海）から源流域（山、里）へ、そして反対に源流域から中下流域への人とモノの流れを生み出すことでした。これは第1回（2005年）の森の健康診断終了直後から始まりました。春と秋に庄内川河口で実施される「藤前干潟クリーン大作戦」には恵那市三郷町の「三郷の川を美しくする会」（当初は「野井の川を美しくする会」）、土岐川支流で「笠原の森を育む活動」を続けている多治見市の笠原中学校と北陵中学校をはじめ、たくさんの人たちが土岐川・庄内川流域から参加しています。もちろん源流域での川のクリーン作戦には中下流域の人たちも参加してくれています。

　2006年からは土岐川・庄内川の源流水で育てた恵那市三郷町野井産の米を「庄内川源流米」と名付け、中下流域の人たちに販売しています。また間伐材を活用しようと2007年には名古屋市守山区志段味の「志段味ビオトープ」に間伐材でつくった階段とベンチ、2008年から2009年にはあいちモリコロ基金の助成を受けて、清須市の「みずとぴぁ庄内」（庄内川水防センター）に間伐材でつくったテーブルとベンチを設置しました。その後、傷んだので2015年10月に新たに恵那市の恵南森林組

合が製作したテーブルとベンチが設置されました。中下流域でのイベントには恵那名物の「ごへだ」（五平餅とよぶ地域もありますが、もち米ではなくうるち米でできているので、「餅」ではなく団子であるということから、この地域ではごへだとよばれている）を販売したり、森の健康診断の結果をまとめたポスターを展示しながらの間伐材を材料にした箸作り教室も頻繁に行われています。

心掛けたこと、苦労したこと

　第一に心掛けたことは、地元の人たちとの交流です。押しつけでなく地元の人たちの要望に応えられる取り組みにするために森の健康診断の実行委員は代表の柘植弘成さんの家にある拓志館（地域の小さな集会場の役割を果たしている私的施設）によく集まり、一緒に呑んで食べて意見交換しました（私はアルコールは駄目でお茶かコーラでした）。

　第二は、みんな平等に意見を出し合うことです。森の健康診断実行委員会では人の意見は否定しない、できるだけ全員が発言することに努めました。人と違っているから意見（異見）なんだと、積極的に中部大生の皆さんにも発言してもらいました。

　第三は、参加者みんなが役割を担う主人公とすることです。山主など地元の人たちには、地元ガイドとして当日の道案内だけでなく地元の話をしてもらい、中部大生の皆さんには調査チームのリーダーやサブリーダーになってもらいました。もちろん、一般参加者も森の健康診断ではなんらかの役割を与えられ調査をしなければいけませんでした。

　第四には、森の健康診断を調査だけに終わらせず、環境改善、地域の活性化、上下流域の交流にも意識的に繋げました。

何を得たか

　森の健康診断で得たものは、森の実態、源流域と中下流域の人とモノ

の交流だけではありませんでした。参加した中部大生の皆さんや地元の人たちが変化したことです。中部大生の皆さんは調査班のリーダーやサブリーダーを担うことで、集団のまとめ方や気配りを学び、意見を積極的に発言するようになりました。山主ら地元の人たちは、地元のお宝を再発見しました。そして、今では自分たちで人工林を守ろうと間伐グループを作り活動しています。そして源流域と中下流域（言葉を変えれば山・川・里と街・海）の人とモノの交流が大きな流れとなって躍動しはじめています。今後はこの流域の人とモノの交流の幅を広げ深みを増していく活動に取り組むつもりです。

Topics ● 3
森林管理の歴史

上野 薫

「森林組合は管理者ではないのか」という疑問

森林の管理というと、まず思い出されるのが「森林組合」です。私は森の健康診断に関わるまでは、森林組合が民有林を管理する役割を担っていると思っていました。ですから、なぜ間伐がされていないのかと疑問でした。しかし、これは誤解でした。この理由を農業で考えると分かりやすくなります。農地の管理者は所有者である農業者本人で、農業協同組合は指導や資材の調達等を行うだけで管理はしません。林業でも同じで、実際の管理は林業者本人（森林所有者）がその責任を負います。しかし、林業の低迷とそれに伴う森林所有者の高齢化によって、本来の人工林を管理する機能が麻痺しています。これが現状です。そこで、近年は森林組合の業務の中に施業委託（組合員からの間伐などの作業委託を有料で実施するもの）があります。例えば、間伐を委託するにはおよそ20万円/haがかかりますが、組合員であれば少し安くなります。国や県の補助金を活用すれば自己負担は経費の3割程度（約6万円/ha）です。しかし、その費用で

さえも投じられないのが、利益を生まない多くの私有林の現状なのでしょう。2012年度からは、切り捨て間伐（伐採した樹木を搬出せずに現場に残す間伐）が国の補助金対象から外されてしまったことも、近年ようやく活性化の兆しを見せていた間伐を抑制しているともいわれています。

森林所有の歴史

現在問題になっている私有林が登場したのは、明治初期です。江戸時代には、日本の森林は幕府の直轄地や皇室所有の御陵林（ごりょうりん）として存在していました。そのため地域の人たちが勝手に伐採することは厳罰に値し、幕府や各藩により厳重に管理されていました。しかし、近代化が進み明治に入り廃藩置県（1871年）と地租改正（1873年）により、初めて森林の私的所有権が確立し、私有林が生まれました。その後、幕末からの戦乱による木材需要や鉱工業の発達に伴う薪炭材（しんたんざい）（薪や炭の材料として利用する木のこと。多くは、煤（すす）の出が少なく燃焼時間が長い落葉広葉樹が材料）としての需要が急速に高まり、森林の過剰な伐採が進みました。この頃には日本の森林の多くは禿山になっていました。この時に公有林では応急的対策が講じられましたが、私有林は殆ど放置状態だったようです。

現在の森林組合の前身ともよぶべき最初の組織は、1880年代に生まれた「山林組合」や「民林保護組合」などとよばれる組織でした。その後は日清・日露戦争を経た国内産業の発展に伴い、木材需要はさらに拡大し、林業を通じた資源保続の必要性が認識され、1907年の森林法改正を迎えてようやく森林組合に関する規定が設けられました。

その後は、1939年の戦時下に再度改正され、軍事物資需要に対する安定的な木材の供給を最優先とする内容になっています。1945年に第二次世界大戦で敗戦すると、日本の多くの団体と同様に林業関係の組織も民営化路線に向かいました。1978年に「森林組合法」が単独立法として制定され、これに基づき、現在の森林組合が存在しています（都築、2010）。

現在の森林組合

　現在の森林組合の目的は、森林所有者の経済的および社会的地位の向上と森林の保存培養と生産力の増進を図ることにあると、法律には明記されています。森林組合は、森林を所有する組合員の出資により運営されています。業務としては森林経営の相談対応や森林施業の受託、森林施業計画、資材の共同購入などを行い、組合員の森林経営の一部を共同化することを目的としています。各地域の森林組合（例えば、恵那市森林組合や恵南森林組合など）の上には都道府県森林組合連合会（例えば、岐阜県森林組合連合会）が、その上には全国森林組合連合会が存在しています。全森林組合員の所有森林面積の割合は、小規模な1万ha（10km×10km）以下が約40％を占めています（林野庁経営課、2014）。全国的な状況と同様に、まとまった面積での人工林の機能向上などを実施するには、現実的には極めて困難な状況にあります。

　もう一つの森林組合があることを多くの人は知らないと思います。それは、1951年の森林法改正により創設された「生産森林組合」です（例えば、野井生産森林組合など）。この組織は、都道府県森林連合会の組織に組み込まれています。しかし、所有、経営そして労働の一致を理念とし、森林経営の全ての共同化等を目的としている点でこれまでに説明してきた森林組合とは異なります。持ち回りで組合長が存在し、組合員の所有する人工林の管理のための講習会や共同での管理作業が行われるようです。実際には自らの作業として、下草刈りや枝打ちが行われる程度であることが多いようです。つまり生産森林組合の多くが、間伐作業を森林組合に委託していることになります。山主（所有者）は財産として林地を受け継いではいますが、技術の引き継ぎはなく、林業未経験者がほとんどなので、当然かもしれません。

　このような背景がわかれば、「なぜ森林組合があるのに人工林が管理できなくなっているのか」が理解できると思います。

第2部

森の健康診断から
　　得られたこと

第1章

調査の10年

上野　薫

調査目的

　森の健康診断では，源流域の人工林（スギやヒノキの植栽木）の混み具合や林床植生（りんしょう）（森林に生えている植栽木以外の植物）がどのような状態なのか、また私たちが身近な森林に期待している公的機能としての洪水抑制機能はどうなっているのか、その機能と植栽木や林床植生などとの関係はどうなっているのかを明らかにすることを目的としました。機能を良くするためには、どんな条件が必要なのかもできれば明らかにしたいとの思いも込めて、森の健康診断は開始されました。

調査方法

　2005年から2014年の間、毎年秋に1回、植栽木の調査（樹高、植栽密度、胸高直径）、林床植生の植物種数や被覆度、浸透能（水が土壌に浸み込む速度）、地表面の落葉落枝の被覆状態や土壌中の腐植物質（落ち葉などが分解されてできたもの）の厚さ、調査地の傾斜角と斜面方位などを調査しました。調査時には地表面から5cm毎に2層の土壌サンプルを採取し、私の研究室に持ち帰り、強熱減量（有機物量の指標）や気相率（土壌中での空気の体積割合）などを測定しました。詳細な調査方法は、巻末の「附録 調査マニュアルと調査票」をご覧ください。浸透能調査は、土壌に雨が浸み込みにくく洪水抑制機能が低いかどうかの傾向を知るためのもので、「緑のダム調査」とも称して実施していたものです。土壌に直径10cm、高さ20cmの塩化ビニール製の円筒（浸透

計)を深さ10cmまで打ち込み、水を注入して土壌を飽和状態に近づけた後に300mLの水が浸み込む速度を測りました。厳密な値を測定するには、時間と特殊な測定機器と大量の水が必要なので、簡易的にその傾向を測る手法として、この手法を服部重昭先生(元名古屋大学生命農学研究科教授)と共に開発し、この調査に用いました。

調査地点

調査地点は土岐川源流域とし、図4に、全調査地点を示しました。第7回(2011年)の雨天による調査中止を除き、図中の黒丸付近の合計217地点で調査しました。第3回(2007年)までは1.3km × 2.0kmのメッシュ内に調査地点を設けていましたが、調査可能な地点がなくなりました。そこで、

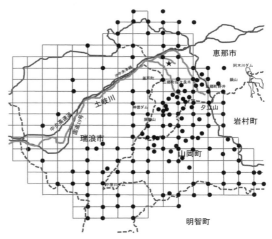

図4　調査地点(2005～2014年)
★：中部大学研修センター(恵那キャンパス)
●：調査地点(計217地点)

第4回(2008年)以降は地元の希望から土砂災害危険地域や簡易水道水源林、今後観察がしやすい道路から近い人工林なども含め、400m×400mメッシュ内および空白地点を埋めるように調査を行いました。

植栽木の状態

植栽木の1haあたりの本数(本/ha)は図5のようになっていました。地点数のピークは1500(本/ha)付近に存在していました。スギやヒノキの苗木を植える時の植栽密度は、2000～3000(本/ha)といわれて

います。この範囲の本数であれば、植えてから一度も間伐がされておらず、1000 ～ 1500（本/ha）であれば1回は間伐がされた可能性があることを意味しています。森の健康診断では 2000 ～ 3000（本/ha）の割合が 25％、1000 ～ 2000（本/ha）の割合が 70％であったので、調査地の 95％は植え

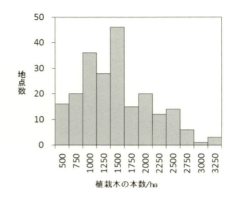

図5　植栽木の本数の度数分布（n=217）

てから実施された間伐が1回以下であった可能性が高いと考えられました。

　植栽木の樹高を図6に、胸高直径を図7に示しました。樹高のピークは 16 ～ 20m にあり、胸高直径のピークは 13 ～ 15cm 付近にあることから、多くが高くて細い形状をしていることが分かりました。このことは、人工林の樹形を表す指標である平均林分形状比（樹高を胸高直径で割っ

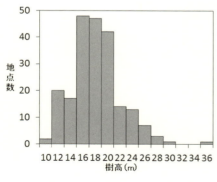

図6　樹高の度数分布（n=215）

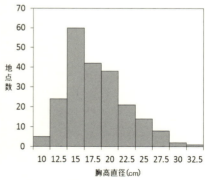

図7　胸高直径の度数分布（n=216）

た値)の結果としても現れていました（図8）。平均林分形状比80を超える値、つまり細すぎて風雨や雪に弱い形状をしている森林が全体の70％を占めていました。

植栽木の成長を考慮した、人工林の混み具合を示す相対幹距比（隣り合う植栽木との距離を樹高で割った値、図9）では、全体の73％が過密以上な状態の人工林と評価されました。

これらの結果から、調査した人工林の7割以上はすぐにでも間伐をしなければいけない状態であり、7割は風雪により折れやすい危険な状況にあるということが明らかになりました。また木材として売るのに十分な胸高直径が20cm以上の樹木が約4割もあることも分かりました。

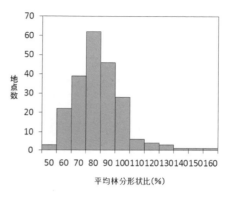

図8　平均林分形状比の度数分布(n=216)

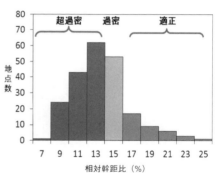

図9　相対幹距比の度数分布（n=216)

林床植生の状態

林床植生と植栽木以外の樹木の状態を図10、11に示しました。間伐が遅れていて植栽木が過密な状態にある林（相対幹距比が17未満）を"過密林"、間伐が適正で植栽木どうしの間隔が離れていた林（相対幹距比が17以上）を"適正林"として、これらを2群に分けて整理しまし

た。被覆率（％）とは、調査地林床の何％が植物で覆われているかを示したものです。その結果は、過密林の方が草本も植栽木以外の樹木や低木の種数・本数ともに少なく、草本の被覆率も20％以下の地点が適正林よりも約2倍も多く、林床植生が乏しい状態でした。

つまり、スギやヒノキなどの植栽木が過密に植えられた状態のままだと、草本も木本も種数や被覆率が低くなり、その傾向はとくに草本の場合に顕著であったことを示していました。

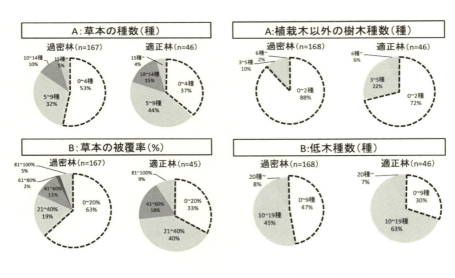

図10　草本の種数（A）と被覆率（B）　　図11　植栽木以外の木本の種数（A）と低木の種数（B）

浸透能

まず、全てのデータの偏りを確認しました（図12）。これを見ると、300ｍLの水が浸み込むのに120秒以上かかっていた地点が突出して多かったことが分かりました（全体の39％）。これは、地域の地質的特徴を示していると考えました。本調査地の一帯には土岐砂礫層や土岐口陶

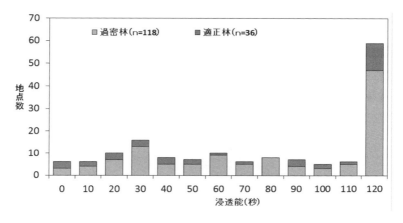

図 12　浸透能の度数分布（n=154, 120 秒以上は 120 秒として示した）

土層などいう特徴的な土層が分布しています（「Topics ● 4 土岐川流域の自然」参照）。これらの土層が地表面にあると、水を地下に透しにくくなります。この透水性の悪い土層が表面付近に存在していた地点ほど浸み込むのに時間を要していたと推察されました。このことに配慮して今回は浸み込みの悪い結果が含まれる 60 秒以上のデータは解析から除外し、浸み込みの良い原因について考察することにしました（使用データ数は 53 個）。

　その結果の一部が図 13 です。野外の現象は、複数の環境条件が複雑に影響し合っている場合がほとんどです。そのような複数の環境条件が、評価したい現象とどのような関係にあるのかを解析する多変量解析のひとつに、数量化Ⅰ類という方法があります。図 13 に示された棒グラフの大きさは、評価したい現象（今回は浸透能）が、どのような環境条件にどの程度の影響を受けているかを示したものです。

　その結果をみると、相対幹距比が 17％以上（適正に間伐されている状態）、草本被覆率が 81％以上、植栽木の本数が 6 本〜 9 本（600 〜 900 本／ha）、図 13 には入れませんでしたが土壌の上層 5cm の気相率

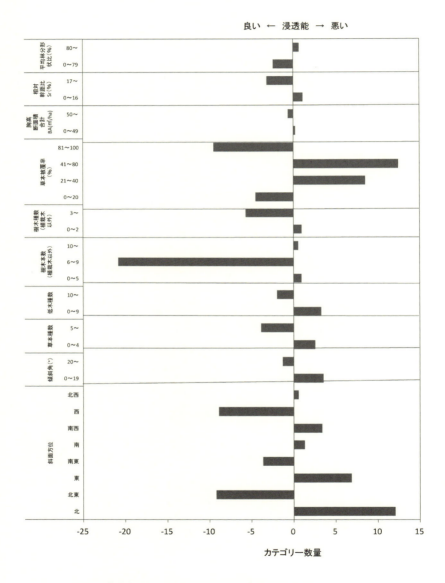

図13 数量化Ⅰ類のカテゴリースコア（浸透能60秒未満、n=53）

が62％以上（空気を多く含む）、上層5cmの強熱減量が54％以上（有機物を多く含む）であることが、浸透能を良くする条件として示されました。これらの条件が揃っている人工林であるほど、降った雨は速く地下に浸透するので、降ったそばから雨が土壌表面を流れ下り川に流れ込むような状態にはなりにくい、ということを意味しています。

これらをまとめると、**土壌がフカフカで空気を沢山含み、黒々とした有機物もたくさん含んだ状態であるためには、適正な間伐を行い、林床の8割以上が植物で覆われている状態にしておくことが必要**という結果になりました。

本当に弱い森だった！2013年3月の雪折れ被害

この写真（図14）は、第10回（2014年）の森の健康診断で参加者に

図14　雪折れの様子
　左上：ヒノキ、右上：スギ、左下：転倒した根本、右下：ギャップの形成

観察してもらった、2014年春先の大雪で被害を受けた人工林の様子です。第9回（2013年）までの定例の調査結果は、すでに地域の人工林の多くが風や雪に弱い折れやすい状態であることを雄弁に語っていたので、正直なところ「やはり折れたか」という印象でした。

　実際の雪折れの被害現場を見るのは、私を含め多くの参加者にとって初めての経験でした。実際に現場を目の当たりにすると、その衝撃は大きなものでした。

　スギは樹自体に粘りが少ないために、多くが折れて大きく裂けていました（図14右上）。ヒノキは樹自体に粘りがあるために、折れずに大きく曲がっているものが多く確認されました（図14左上）。さらに根ごと転倒しているものもあり（図14左下）、折れた枝が地表に落ちずに樹自体に引っかかっているものも多く、観察には頭上と足元の両方を十分注意する必要がありました。転倒している木の根元を見ると、土壌は黄色の粘土質で、根は50cmほどと浅く、しかもひっくり返った根のすぐ下には、直径数cm大の礫層（れきそう）が見えるものが多くありました。幹が折れたスギやヒノキの上空には、ぽっかりと隙間（ギャップ）が空き（図14右下）、太陽光が入り込み、風が抜け、幼木の天然更新がここから進むことは容易に想像されました。

　雪折れした植栽木が、台風などで下流に流れて二次被害を起こさないのであれば、また知らずにこのような場所に人が入ってきてしまい事故が生じないのであれば、間伐遅れの人工林の対応は自然に委ねてもいいのではないかという感覚が生じました。しかし、実際には現場は里地の近隣や沢沿いであることが多いため、そのような危険な状態を放っておく訳にはいかないでしょう。調査地のスギやヒノキの約7割が、このような状態になりやすいということを、恵那の森は告げていました。

Topics ● 4
土岐川流域の自然

南　基泰

　森の健康診断は、人工林の混み具合調査や緑のダム効果を知るための浸透能調査だけではなく、「自然に親しみ、自然をよく理解する」ということも大事な目的でした。そのため森の健康診断を通して、土岐川流域の多様な自然を知ることもできました。

土岐川流域の地形

　森の健康診断を終えて、恵那キャンパスに戻ってきた参加者からは様々な感想が聴こえてきました。その中で、最も多かったのは調査地の傾斜だったように思います。「調査地は平らだったから楽だった」、「調査地の斜面が急すぎて、木をつかんでないと転びそうだった」と、班によって感想が大きく異なることがありました。実は、森の健康診断の調査地となった土岐川流域は両岸で地質や地形が大きく違っています。右岸（上流から下流をみたときの右側、左岸はその反対）は濃飛流紋岩（岐阜県飛騨、東濃地方から長野県木曽地方にかけて分布する白亜紀後期の火山岩）、花崗岩などの硬い岩石が分布し、その上を土岐砂礫層という砂や礫の地層がうすく覆っています。このように右岸は硬い岩石が多いので、地形が急になっています。それに対して左岸にもいろいろな種類の岩石がありますが、特に土岐砂礫層が広くみられて、地形的にもゆるいのが特徴です。しかし、屏風山断層や岩村断層があるので、断層付近は傾斜が急になります。それに左岸は右岸に比べて地形が複雑なのが特徴です（糸魚川、1995）。土岐川の両岸には第四紀更新世（約50万年前）に礫が堆積してできた段丘堆積層によって台地が形成されています。さらに土岐川に近い平野は完新統とよばれる第四紀完新世（約1万年前）に礫・砂・粘土が堆積してできた

最も新しい地層があります（瑞浪市化石博物館、2010）。土岐川流域では比較的平坦な完新統や段丘堆積層に、市街地や農地が集中しています。一方、森の健康診断の調査地となったスギやヒノキの人工林は丘陵地や山地に多くありました。そのため調査地の斜面はゆるいものから急なところまでありました。

同じ調査をしているのに、どの調査地に行ったかによって、まったく違う森の健康診断の感想が聴こえてくるのは、ひとくちに土岐川流域といっても、いろいろな地質や地形があったためです。

瀬戸層群

森の健康診断の浸透能調査では、塩化ビニールパイプ製の浸透計をハンマーで土に埋め込む作業をします。いくらハンマーで打ち込んでも浸透計が地面に全く埋まっていかないことがありました。その原因の一つには土の中にたくさんの礫が埋まっていたからです。この礫をよく見てみると、角が丸くなっているものもありました。この角の丸くなった礫は、遠く木曽山地や森の健康診断の調査地になった周辺の山々から昔の木曽川によって運ばれてきたもので、主に丘陵地帯に広がっています。それから土岐砂礫層の下には土岐口陶土層が堆積しています。土岐口陶土層は東濃地方で盛んな陶器の原料となる粘土・砂の層です。浸透能調査で、浸透計がうまく土に埋め込めても、水がまったくしみ込まないこともありました。それは、水を通さないこの土岐口陶土層のせいだったかもしれません。この土岐砂礫層と土岐口陶土層をあわせて、瀬戸層群といいます。この瀬戸層群は中新世の終わりから鮮新世はじまりにかけて（約700万年から260万年前）できたと考えられている層です。この瀬戸層群の分布は広く、東は中津川市付近から、東濃地方、瀬戸、名古屋、そして知多半島に分布しています。

東海丘陵要素植物

東海丘陵要素植物は、森の健康診断の舞台となった土岐川流域が分布の中心となっています。東海丘陵要素植物は、沢筋や湧水によって成立した湿地などに多く生育しています。そのため森の健康診断の調査地となった人工林の縁など、湿った場所があれば東海丘陵要素植物の一種であるヘビノボラズやシデコブシに出会えました。ただ残念なことに森の健康診断を実施した秋の頃には、ヘビノボラズの蝋細工のような黄色い花も、シデコブシの少しよじれた白い花もみることはできませんでした。そのかわり運がよければ紅葉しかけた葉の付け根からぶら下がったヘビノボラズの赤い果実の輝きや、白糸を引いて垂れ下がっているシデコブシの実（図15）に出会えることがありました。森の健康診断の調査結果よりも出会えた植物たちの姿の方が鮮明に記憶されている学生も中にはいるようでした。

図15　シデコブシの実

ヒトとの関わりが必要な自然

森の健康診断は、スギやヒノキの人工林で調査されましたが、土岐川流域にはアカマツを主とした針葉樹林と落葉広葉樹林の混合林や、常緑広葉樹林もありました。これらはいずれも二次林とよばれる森林で、人工林と同じように人とのかかわりの中で成立した森林で、自然林ではありません。それに東海丘陵要素植物が生えている里山も、人工林や二次林と同じように人間が手を加え続けなくては維持できない生態系なのです。私たちが森の健康診断で活動していた場所の自然は、手つかずの自然ではなく、人によって長く維持されてきた自然です。土岐川流域の多様な自然と、これか

らとう関わり、保全していくのかも、森の健康診断の重要な目的の一つでした。

Topics ● 5
ネズミの好きな森

上野 薫

　森に棲むネズミは、ヘビ、キツネ、アナグマや猛禽類などの多くの肉食動物にとって重要な餌資源です。それに森のネズミたちは、秋には堅果（熟しても開かない果皮が木化したドングリやシイなどの堅い果実）を地下に蓄えて春までの餌資源にする習性があります。せっかく蓄えた堅果も食べ忘れてしまうことがあります。そんな堅果は翌春に芽を出すことができるので、樹々の種子散布に貢献しているといえます。

　スギやヒノキの人工林は間伐が適正でないと、過密林となってしまうので森の中には光が射込みません。そんな過密林の林床には、草本も低木も生えません。10年間の森の健康診断で、土岐川源流域の人工林の73％が林床の暗い過密林ということがわかりました。このような過密林にも森のネズミたちが生息しているのかを、恵那キャンパスで2005〜2009年の間、落葉樹林とスギやヒノキ人工林で捕獲調査をしたことがあります。

　恵那キャンパスに多く生息していたのはアカネズミでした（図16）。アカネズミは、日本の固有種で低地から亜高山帯まで生息していて、地下の坑道や地表面を主な棲家としています。アカネズミがよく捕獲された森は、堅果

図16　アカネズミ

を実らせる樹木が多く、林床植生が豊かな落葉広葉樹林でした。スギやヒノキの人工林ではどうだったかというと、間伐されていて林床に草本や低木が生えている環境だとよく捕獲されました。人工林でも適正な間伐がされていれば、生息していることがわかりました。

　私たちが期待する森林の機能には、生物多様性の保全機能もあります。今や人工林は木材の生産だけではなく、その存在価値や質の転換が図られるべき時代になってきています。適正な管理がされている人工林ならば、動物の棲家としても重要な役割を果たせます。

　人工林は日本の森林の4割を占めています。管理放棄されているスギやヒノキの人工林が落葉広葉樹や常緑広葉樹の森と同じように動物たちの棲家としての役割が増せば、今問題となっているシカ、イノシシ、サルやクマなどによる獣害は減少するかもしれません。植栽密度が適正に管理されている人工林は、獣害対策の切り札となるかもしれないのです。

Topics ● 6
植生と斜面崩壊

杉井俊夫

はじめに

　近年、局地的に豪雨が頻発しています。それだけでなく長期に降り続くため、斜面崩壊による人命被害が拡大しています。最近では、2014年8月の広島の豪雨による土砂災害や2015年7月の鬼怒川破堤は記憶に新しいと思います。

斜面の崩壊形態と崩壊のメカニズム

　斜面災害には、**地すべり**と**山崩れ（がけ崩れ）**とよばれる2つの現象が

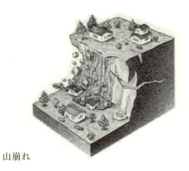

地すべり　　　　　　　　　　　　山崩れ

	地すべり	山崩れ
発生場所	地中より発生	地表面より発生
移動深さ	数m～十数m	1～2m
再発性	あり	数年～数十年無
地質	特定の地質、地質構造の場所に発生	地質との関係はない
地形	緩い斜面に発生、地すべり地形	急斜面
移動速度	一般に遅い、急激な場合もある	急激
誘因	地下水、地震	豪雨
前兆現象	樹木の傾斜、地表の亀裂の発生	ほとんどない
移動土塊の形状	原形をとどめる	崩土となる

図17　地すべりと山崩れ

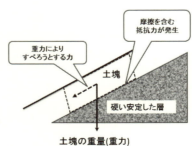

図18
土塊の重力がすべろうとする力、摩擦を含んだ抵抗力

あります（図17）。一般に、この2つは同じ現象と捉えられていることが多いですが、破壊メカニズムが異なります。どちらの破壊メカニズムも主な原因は水ですが、その規模が大きく異なります。山崩れは特に「表層崩壊」と地盤工学の分野ではよばれています。地盤とは、地殻の表層から約100m程度までの地面のことを指します。このトピックスでは、最も多い降雨に起因する「表層崩壊」について説明します。斜面の土塊には重力によって硬い安定した層の上を滑ろうとする力が発生します（図18）。硬い安定した層の境界には「摩擦力」と土のベトベトする「粘着力」による抵抗力が働いているため、平常時はすべることはありません。ですが降雨が斜面に浸透すると空気が追い出されて水に置き換わるため、土塊の重量は大きくなります。そのため土塊の抵抗力は増すように思えますが、水分が多くなると斜面方向にすべろうとする力も大きくなり、摩擦係数や土の粘着力は逆に小さくなる性質をもちます。そのため「抵抗力（すべるのを抑制する力）」が「すべろうとする力」に比べ小さくなり、土塊がすべりだすことになります。また表層崩壊の原因としてパイプ流による表層崩壊（パイピング現象）も少なくありません（図19）。土中水は水を通しにくい層に当たると透水性の良い場所を探し、土層中に存在するパイプ状の空洞に到達します。通常の雨であればパイプの中を穏やかに水が流れますが、豪雨の場合にはパイプ周りの土粒子を侵食しながら巻き込み、パイプが目詰まりを起こします。そのため目詰まりを起こした箇所に水圧がかかってパイプが破裂、

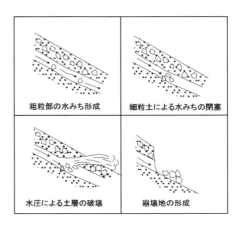

図19　斜面内のパイピング現象

表層の土層を流し崩壊に至ってしまいます。パイプができる原因には生物的要因や地質的要因があり、その大きさや形状は要因によって異なります。

植生と斜面崩壊の関係

植生は、斜面崩壊の抵抗力（斜面崩壊を防ぐ力）にもなれば、外力（斜面崩壊をまねく力）にもなってしまいます。前者の抵抗力の場合には、表層からの雨水の浸透を抑制することや地盤内の水分を蒸発散させること、また樹種によっては根による地盤をしっかりと掴む役割を果たし崩壊を抑制します（今井、2008）。一方、東海豪雨でみられたような切株の腐食が地盤の脆弱化を促進し、台風などの強風で地盤を揺すり不安定化させる場合もあります。

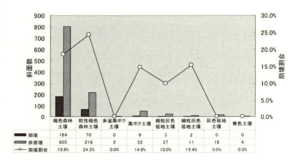

図20　土質（土壌）と崩壊割合

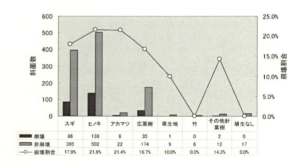

図21　樹木の種類と崩壊割合

岐阜県林政部の東濃地区のデータを整理し、土質（土壌）の違い（図20）、樹木種の違い（図21）による崩壊箇所数の割合を示したものがあります。この結果から、崩壊割合は乾性褐色森林土壌（温暖湿潤な気候に成立した落葉広葉樹に発達した乾燥しやすい褐色土壌）において多いことがわかります。

通常、乾燥している地盤は、降雨が浸透すると非常に沢山の水を一度に吸水します。先に述べたように、すべろうとする力は急増し、逆に粘着力は急激に小さくなり、斜面は不安定となります。一方、通常、湿潤している地盤は雨水の浸透量が少なく、水分量の

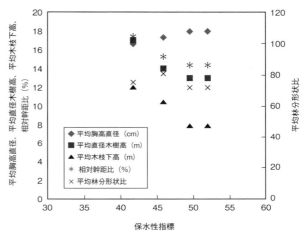

図22
森の健康診断で得られた相対幹距比等と保水性指標の比較

変化が少ない為に崩壊が少ないことが考えられます。このことは、次のことからも説明できます。もしも同じ強さの豪雨が長時間降り続けたとすると、乾燥している地盤では初期にはすべての雨水が吸収されます。しかし、だんだんと地盤の水分量が増えると雨水は地盤に浸透せずに、地表に溜まり、表面を流れて、最終的には雨水は地盤に浸透しなくなります。これは土中の水分量増加によって、水の通しやすさ（透水性）よりも土の吸引力（水のエネルギー勾配）が低下し、両者の掛け合わせ（透水性×エネルギー勾配）で求められる「浸潤速度」が小さくなるためです。このことから、保水力を持った地盤やそうした植生がある場所での崩壊は少ないことがわかります。

降雨時の斜面崩壊には、地盤の保水力が影響します。森の健康診断で得られた混み具合調査等のデータと保水性指標について比較してみました（図22、杉井ら、2010）。すると、平均胸高直径が大きくなると保水性が増し、反対に平均直径木樹高、平均木枝下高、相対幹距比などの値が大きくなると保水性が低下することがわかりました。植生と斜面崩壊について土の保

水性（保水能力）ということから考えてみると、晴天時にもある程度の水分量を持った地盤の方が、降雨を浸透させ過ぎないことで崩壊の危険性が下がることがわかりました。

第 2 部　森の健康診断から得られたこと

第 2 章

運営の 10 年

村上誠治

参加者数の推移と内容

　第 1 回からの参加者数の推移を図 23 に示しました。第 1 回（2005年）が最多で 235 人、第 2 回（2006 年）以降は 150 〜 200 人の参加者数でした。合計は 1,875 人でした。中部大生の割合は、第 2 回までは全体の 20％ほどでしたが、第 3 回（2007 年）以降は 40 〜 60％を占めていました。大学以外の一般参加者は、第 2 回までは 78％、71％と高い割合でしたが、第 3 回以降は 30 〜 50％になっていました。中部大卒業生は平均 5％を占めており、卒業後も参加し、陰ながら現役生のフォ

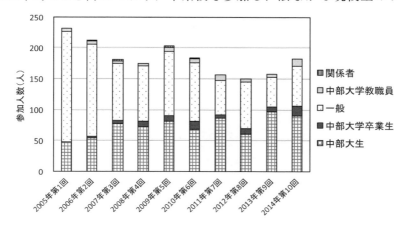

図 23　参加者の推移

ローもしてくれていました。一般の中には、地元のサポーターとして毎年10名ほどの皆さんが、調査地の選定から下見、当日の案内をしてくれました。ごへだ等の調理・提供にも、毎年10人近い地元のご婦人や下流域の方々がボランティアで参加してくれました。

　毎年の調査内容は基本的には同じ手法で、多点調査を目指しました。第4回（2008年）と第5回（2009年）は、簡易水道の水源林である人工林（簡水林）も含めて調査されました。簡水林は植栽木の密度管理としては他の森林に比べて良い場合もありましたが、他の人工林と同様に相対幹距比が適正である割合は低くなっていました。雨の浸透に重要と考えられる林床植生の現在の状態は、植栽木以外の低木の種数が若干多いものの、さほど豊かであるとは診断できませんでした。これらの調査結果はレポートにまとめて恵那市に提出しました。

継続できたわけ
未調査の森林の多さ
　第一の要因は、混み具合も木の状態も調査されない人工林が広大にあったことにあります。恵那市内に限っても2万ha以上の人工林があります。10年やっても未調査の人工林の方が圧倒的に多い状態でした。
調査対象の絞り込み
　いくら調査地点が多いといっても、いつも同じような人工林で同じ調査をしていては「飽き」てきます。そこで第4回目（2008年）から水源地周辺の森や土石流危険地域の森の調査を重点的に調査しました。これは、調査と地域の生活と安全との結びつきを意識する動機付けを狙ってのことでした。
データの蓄積が必要な土壌調査、浸透能調査
　人工林の調査に加えて、我々の森の健康診断では中部大学の上野薫研

究室が浸透能調査を実施してきました。混み具合など人工林の状況と土壌がどういう関係にあるのかを明らかにするためにはデータの積み重ねが必要で、継続して調査することが求められました。

常に新しい参加者

何事もいつも同じ顔ではマンネリになります。我々の森の健康診断の参加者は主に一般参加、山主ら地元、中部大学の教員と学生で構成されていました。一般参加は毎回チラシ、ネット、広報などで募集をしますが回数ごとに減少傾向にありました。地元はだいだい同じ顔。中部大学の複数の研究室が参加してくれたので、毎回相当数の若い初参加者が存在しました。するといつも同じ顔の地元の人も私を含め実行委員会のメンバーも、毎回新鮮な気持ちで取り組めました。

自前のリーダー養成

それまで、矢作川森林塾や森林ボランティアに依頼していたチームリーダーを第5回（2009年）から自前で養成することにしました。中部大生の皆さんは、大学での5日間の講義と現地での実習を受けてチームを率いて調査を行いました。毎回新しいリーダーによって新鮮な森の健康診断が実施されました。

地元の支えと拠点の存在

恵那市で（瑞浪市でも一部実施）森の健康診断を10年も継続できた支えは、地元にあります。毎回、地元を良く知る山主や地元の方が実行委員会の段階から参加し、地元サポーター、ガイドとして調査にも参加してくれました。調査地点の選定にも大きな力となりました。さらにスタッフとして、森の健康診断当日にシシ汁（イノシシ肉の味噌汁）とごへだをふるまい、参加者の心身を温めてくれました。

さらに、拠点として拓志館と恵那キャンパスがあったことを忘れてはいけません。実行委会代表の柘植弘成さんの自宅にある拓志館は実行委

員会、作業の場としていつも開放されていました。そして当日の集合、参加受付の場となった恵那キャンパスのグランドや体育館。講義室は森の健康診断の発表や交流会の会場としても使わせていただきました。

まとめ

　振り返ってみると森の健康診断を10年継続できた一番大きな要因は、人工林を何とかしたい、人工林を知りたいという人々の結びつきだったと思います。そして、毎年新しい人と出会え、データがどんどん蓄積していくことに喜びを感じることができたからだと思っています。

Topics ● 7
ワンプラスの「森の健康診断」

鈴木康平

森の健康診断に参画しようと思ったもやもや？

　私の森の健康診断への参画は、当時土岐川・庄内川流域ネットワーク（土岐川・庄内川の環境保全活動に関わっている市民団体；以下、流域ネットワーク）の事務局を担当していたため、森の健康診断の目的・活動方針からして必然だったと思います。私は、以前からもやもやした思いを持っていました。森の健康診断の取り組みは、その答えを引き出す糸口になるのではないかと思ったのが、個人として森の健康診断に参画を決意した理由でした。

　1960年代、当時私はまだ子供でした。わが家では矢作川流域でスギ、ヒノキを植林していました。植林の手伝いをする私に、母は「おまえが家をつくるときは、兄ちゃんからこの木をもらってつくれ」とよく言ってくれ

ました。50年を経た今、その樹木は立派に育ち、数軒の家をつくることが出来るほどに育っています。しかし、残念ながら公務員生活の私には、その樹木を切り出して家を建てることはできず、外国産の材木の建売住宅を買いました。今でも私が植えた樹木が、材木となる目途は立っていないそうです。材木にすることは採算が合わなくてできないとのこと。叶えられなかった母の思い。当時はあちこちの山で植林作業がされていましたが、あの膨大な労力と希望は、いつ、どこで、どうしたら、報われるのでしょうか？

人海戦術である森の健康診断、参加した市民の力

急峻な山肌、危険な山中の作業に、いつも多くの方々が参加してくれました。10年間の参加者数が、1,875人にもなったと聞きました。人海戦術でしか調査できない森の健康診断をやりきれたのは、まぎれもなく一つ一つの調査を積み上げた参加者の力だったと思います。

私は森の健康診断から戻った参加者にシシ汁をお渡しましたが、皆さんが一様に疲れもあるだろうにさわやかな面持ちだったのは、森の健康診断の特徴だと思いました。森林浴、フィトンチッド（樹木から放出される殺菌作用のある香気成分）もあったと思います。それだけでなく、地元のガイド役の方、中部大生、様々な職種の方が一つのことを一緒にやりあげた達成感もあったようにも思います。私も、裏方でなく直接調査地に出向きたいと思ったものです。

私のもやもやはどうなった？

私のもやもや（お金にならなかった植林）は、解決したのか？森の健康診断をきっかけにして、「美濃の森造り隊」や「野井山つくりの会」が結成され、「木の駅プロジェクト」が立ち上がったと聞いています。そして、森

の健康診断実行委員事務局長の村上誠治さんが野井町に建てた「間伐材千本の家」。このように森の健康診断にたずさわった方々の中から、人工林を何とかしようとか、間伐材を利用しようとか、具体的で確かな実例が出てきました。こうした動きが、「日本の樹木」を外国の材木に負けない、採算のとれる「材木」にする糸口になることを願っています。これから先、時間はかかるかもしれませんが、このような活動が始まったことによって一筋の光が射込みはじめたと思っています。「日本の樹木」が再び脚光を浴びる日が来てほしい。私が50年前に植えたスギやヒノキが安らぎを与える家の材木に使われる日が来てほしいと願っています。

森の健康診断には、ワンプラス、ツウプラスの何かがある

森の健康診断では、毎回、ガイド役の地元の方々との心温まる交流がありました。私が感じたことに通じるものがあったのではないかと思います。名古屋市はじめ下流域の参加者が、源流域の山の状況を知ることにワンプラス、ツウプラスの何かを感じていたのだと思います。恵那の里で生活する人々と交流し、「ほっこり」した気持ちになれたのも、森の健康診断の大きな収穫ではなかったかと思います。

森の健康診断実行委員会と地元の方や森林組合の方々との山歩きをすることから始まった恵那市野井の皆さんとの交流は、①流域ネットワークが関わって立ちあがっていた「藤前干潟クリーン大作戦」と「野井の川のクリーン大作戦」との相互参加・交流。②その交流が縁で、流域ネットワーク会員を中心にした「庄内川源流米」（野井地区で収穫されたコシヒカリ）の斡旋・普及等につながりました。個人的には、野井のみなさんとの交流と親交は、心を和やかにしてくれて、下流域の私たちも頑張らないといけないな、と力づけてくれました。

新たなワンプラスの「森の健康診断」を祈念

　これからは①「調査・研究・提言」グループ、②「間伐」グループ、③「地域づくり・特産物普及」グループ等々のそれぞれグループの役割で活動しつつ、森の恵み、川の恵み、水の恵み、里の恵み、地域の恵み等々、恵みをキーワードとして連結していく必要があると思います。そして、それらを連結させていくことができる森の健康診断実行委員の皆さんの活動に心からのエールを贈り、及ばずながら流域の一住民として今後も活動することを約束したいと思います。

　新たなワンプラスの森の健康診断を祈念しています。

第 3 章

人材育成の 10 年

上野　薫

　森の健康診断の10年は、人が育った10年でもありました。中でも、地元の参加者の中から、人工林の間伐を積極的に進め、森林と関わり続ける組織が複数生まれたことは、間伐を促進させるという意味では重要な成果の一つです。ここでは、そのような団体と学生との関わり、人材育成に関わる成果についてお話します。

　NPO法人「美濃の森造隊」という市民団体が、第4回森の健康診断までリーダー育成の役割を担っていた「夕立山森林塾」の参加者の一人が中心となって2013年に源流域で誕生しました。この組織の目的は地域の人工林の間伐を進めること、地域の森林保全に対し貢献をすることです。美濃の森造隊は、第5回（2009年）以降に中部大学で開催してきた「森の健康診断リーダー講習会（表1,図24、25）」中の「現地演習　人工林で

表1　第10回（2014年）森の健康診断リーダー講習会の講義日程

日程・場所	講義内容	講義担当者
9月24日（水） 18:30〜20:00 春日井キャンパス	座学①　土岐川・庄内川源流 森の健康診断が生まれた背景・意義、恵那の森林の現状、リーダーの役割	村上誠治[1] 森岡哲郎[2] 上野薫[3]
9月25日（木） 18:30〜20:00 春日井キャンパス	座学②　植生調査（植栽木の調査、その他植生調査）	味岡ゆい[4]
9月26日（金） 18:30〜20:00 春日井キャンパス	座学③　浸透能調査、現地演習について	上野薫[3]
10月4日（土） 10:00〜16:00 恵那キャンパス周辺人工林 （雨天決行）	現地演習　人工林でのリーダー実践と間伐見学（一部経験）	森岡哲郎[2] 上野薫[3]
10月6日（月） 〜10日（金） 春日井キャンパス	浸透能調査の個人練習（中部大生は必須、最低2回実施）	上野薫[3]
10月6日（月） 18:30〜20:00 春日井キャンパス	座学④　まとめ、調査前日・当日について	上野薫[3]

1）土岐川・庄内川源流 森の健康診断事務局長、2）NPO美濃の森造隊、3）中部大学応用生物学部、4）中部大学現代教育学部

のリーダー実践と間伐見学」の指導団体であり、さらに森の健康診断当日に人工林の調査以外に開催していた間伐体験の運営団体としても活躍してくれました。

図24　リーダー講習会での座学の様子

この現地演習の時だけは、中部大生も希望者はチェーンソーを握り、間伐を体験をすることができました（図25）。植栽木の混み具合の指標である相対幹距比が適正になるように間伐すると、林内はどれくらい明るくなるのか。ヒノキを1本倒すためには、どれだけの技術と知識と経験が必要なのか。

図25　リーダー講習会での間伐体験

これらを学生に実体験してもらうことが目的でした。森の健康診断当日には、学生たちはチームのファシリテーター（進行役）でもあります。そのため、間伐で経験した生きた感覚を当日の一般参加者に伝えてもらう必要があったからです。美濃の森造隊の皆さんのご指導のおかげで、第5回（2009年）からの5年間、一度の怪我もなく、この間伐経験を含めた講習会を締めくくることができました。

もう一つ、森の健康診断には大きな成果がありました。「リーダー講習会」を始めた頃から、中部大卒業生が林業に関わる就職先に就き始めました。森の健康診断の開始から11年目の今年までに、造林・管理業、木材卸業、木材商社、県森林組合連合、木材住宅販売業など、いつの間にか業界での中部大卒業生の輪が大きく広がりました。彼らはいずれも、森の健康診断のリーダーを務めてくれた学生たちです。恵那の人工林の

リアルな姿を見て、仕事として実際に貢献したいと思ってくれたことは、嬉しい限りです。

　最後に、この森の健康診断は、教育プログラムとしても位置付けられてきたことにもふれておきます。まずは、持続可能な発展のための教育（ESD）としての貢献です。全国規模の交流の場や地域内および大学内での様々な学生による成果発表を積み重ね、大いにESDの啓発と実践に貢献しました。さらに最近では文部科学省「知（地）の拠点」事業の一環として大学が独自に認定する「地域創成メディエーター」資格を取得するための、課題解決型のグループワークを伴う講義室での正課科目（単位取得のできる講義）のテーマや課外実践プロジェクトとしても取り扱われています。専門分野や学年を問わず、環境問題を自分の問題として捉え、解決する手法を編み出す一つの教材として森の健康診断は優れていました。

　以上の内容は、第1回（2005年）森の健康診断を始めた頃の私には想像できなかった、大変嬉しい誤算でした。多くの方々の支援とチャレンジ精神の賜物です。

Topics ● 8
森と海を繋ぐ物質

上野　薫

　森を通過した水は、雨水とは全く性質が異なり、海の生物を育むために必要な物質を取り込んでいます。その物質が恵みとして時に害として、直接的に影響するのは沿岸域です。恵みとなるのは海苔や牡蠣などの養殖です。反対に、害は赤潮・青潮や貝毒に代表されます。これらに大きく影響を与える物質とは、鉄とケイ素です。これらの物質は、海の生態系の底辺

を担う多くの植物プランクトンにとって必須栄養成分でありながらも不足しがちな成分です。

　鉄はヒトの血液にも含まれていて、酸素を体内に運ぶ際になくてはならない物質です。植物プランクトンにとっても、鉄は光合成を行うために欠かすことのできない光合成色素（クロロフィルなど）を合成する際に必要な物質です。それだけでなく植物体内に取り込んだ窒素やリンなどの栄養物質を体内で利用可能な形態に変えるための触媒（反応を促進する媒体物質）としても必要不可欠です。

　鉄は地殻中に約5％存在する金属で、岩石や土壌に豊富に含まれています。しかし、河川水は酸素を多く含んでいるので、鉄は含まれていても酸化した粒子となって川底に沈んでしまいます。そのため、鉄は多量に海に運ばれることはあまりありません。ですが、森林土壌の腐植物質（落葉落枝等の有機物が微生物分解されて別の化合物になった黒色物質）が分解してできたフミン酸やフルボ酸は、鉄を結びつけて（酸化されにくい状態で）一緒に河川を下り、沿岸域までたどり着くことができます。フミン酸やフルボ酸は人が作り出すことはできません。森林土壌の表面に堆積した落葉落枝を、長い年月をかけて微生物に分解してもらって作り出してもらうしかありません。それに林床の落ち葉や土壌が流れにくい状態を保ってやることも必要です。

　もう一つの重要な物質であるケイ素はガラスの主成分として知られています。生物とケイ素の関係はあまり知られていませんが、イネが倒れずに自立できるのは、表皮に並んでいるたくさんのケイ素で支えられているからです。海中のケイ素の多くは、珪藻という植物プランクトンの骨格を構成する主要な成分として存在しています。珪藻は、海の食物ピラミッドの底辺を担う母ともいうべき存在です（図26）。この珪藻の骨格を担うケイ素が、もともとどこに存在していたかといえば、鉄と同じように河川上流の岩石です。

　ケイ素は岩石が風化する段階で水と共に生態系に供給されます。ですが、

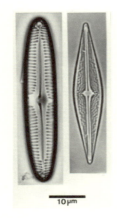

図26 珪藻の一種
（写真提供：村上哲夫氏）

近年は河川の上流域にはもれなく大小さまざまなダムをはじめとする建造物があります。このダムや澱みといった水環境中に供給されたケイ素は、その場で珪藻に消費されてしまいます。そのため、珪藻が死ねばその場に沈殿してしまうので、河川を下ることはありません。このような状況から、下流域や沿岸域に流れ込むケイ素の量が減ってきています。ケイ素の割合が少ないと、ケイ素を必要とする珪藻が育たず、反対に赤潮（プランクトンの異常発生により海水や河川水などが変色する現象）の原因となる、ケイ素を必要としない他のプランクトンが増殖してしまいます。こうして、赤潮の原因となるプランクトンの過剰な発生や、大量発生したプランクトンの死骸を分解する際に海中の酸素が大量に消費されて貧酸素状態が発生し、魚や貝が窒息死してしまいます。さらに大量に発生するプランクトンの中に、貝毒（有毒プランクトンを捕食した貝が毒を蓄え、これを食べることで発生する食中毒）を発生させる渦鞭毛藻（うずべんもうそう）が大量にいれば、貝毒も発生してしまいます。場合によっては貧酸素条件下で底質から硫化水素が発生して青潮（ヘドロが大量に溜った貧酸素状態の海底で発生する硫化水素が海面に上昇中過程で、水中の酸素により酸化されてコロイド化し、海水が乳青色や乳白色になる現象）も発生させてしまいます。

　日本では、20世紀後半の高度経済成長期に窒素やリンの河川への排出が問題となりました。そして抑制対策が講じられたおかげで、ある程度の効果が認められる状況になってきました。ですが21世紀に入り、もはや水質保全のターゲットとなるべきは排出抑制物質ではなく、海洋資源の持続的な利用に関わる必要物質に代わり、いかにこれらをバランスよく供給するかが問われる新たな時代を迎えています。

おわりに

上野　薫

　最後に、2005年から2014年の10年間に森の健康診断の対象となった人工林は、研究者でも山のプロでもない素人が調査可能な、安全な場所ばかりであったことをお伝えしておく必要があります。もしも危険をかえりみず急斜面の人工林も調査地としていたなら、過密な人工林の割合は、本書で示した73％ではなく80％を超えていたかもしれません。市民と学生で取り続けたデータが示した結果の多くは、誰もが予想した内容でした。この10年間、私は毎年約400人の学生に対して**切ってはいけない森は日本の多くの人工林には該当しない**ことを講義で説明してきました。多くの学生たちは初めて聞いたという顔をして聞いており、日本人の森林への誤解や無知が想像以上に根深いことを痛感しました。

　このように、よく目にする深緑色の森林は実は人工林とよばれ、中に入ってみると真っ暗で、植物がほとんど生えない、虫もほとんどいない静かな森であることは知られていません。そして日本の森林の4割が人工林であることを、植えた張本人の人間ですら忘れてしまっています。こうして忘れられてしまった森は、本来の生息地とは随分と環境が変わってしまったので、野生生物にとっても存在価値が低い森となってしまっています。

　この実態をふまえ、これからの未来に向けて私たちは人工林に何を期待し、これからどうかかわっていくべきか。そして、私たちは人工林が抱える問題を解決するために、これから何ができるのか。この10年の間に1,875人が森の健康診断に参加し、この課題を共有してくれました。そして、森の健康診断への参加がきっかけで実際に間伐を始めた市民、仕事として森林管理や木材の流通に携わり始めた中部大卒業生、ま

たそれに続き応援しようと勉強を始めた若者や市民。森の健康診断にかかわった大学人たちも、それぞれの立場でできることを始めています。
　私自身が木こりになることはありません。私の役割は教育者そして研究者という立場から、正しく長い目で森を評価できる学生を社会に送り出すことだと思っています。根深い森への誤解が少しでも浅くなるように、恵那の森からの学びが次世代に繋がるように。
　その一歩がこの一冊になることを期待して。

引用・参考文献

Topics ● 1
久保壮史、上野薫、南基泰、寺井久慈、愛知真木子、谷山鉄郎（2007）東海丘陵要素植物群落の保全生態学的研究 －保全・修復とその管理に関する研究－（5）中部大学恵那キャンパスにおける哺乳類種調査、生物機能開発研究所紀要 7:101-107.

堀川大介、南基泰、寺井久慈、愛知真木子、上野薫、河野恭廣、谷山鉄郎（2005）東海丘陵要素植物群落の保全生態学的研究 －保全・修復とその管理に関する研究－（2）中部大学恵那キャンパス内及びその周辺部の昆虫種調査、生物機能開発研究所紀要 5:21-35.

南基泰、寺井久慈、河野恭廣、谷山鉄郎（2004）東海丘陵要素植物群落の保全生態学的研究—保全・修復とその管理に関する研究—（1）恵那キャンパス内及びその周辺部の植物種調査、生物機能開発研究所紀要 4:41-51.

大西良三編（1989）三浦学園五十年史、学校法人三浦学園、春日井.

Topics ● 2
丹羽健司（2006）源流の森の概要、第1回 土岐川・庄内川源流森の健康診断報告書、土岐川・庄内川源流森の健康診断実行委員会、6-7.

岐阜県恵那市農林課（2015） 2014年度恵那市森林簿.

林野庁（2014）平成25年度森林・林業白書 参考資料
　　http://www.rinya.maff.go.jp/j/kikaku/hakusyo/25hakusyo/pdf/2huhyou.pdf 【2015年11月30日現在】

Topics ● 3
林野庁経営課（2014）森林組合の現状、www.rinya.maff.go.jp/j/keiei/kumiai/pdf/260328.pdf【2015年11月30日現在】

都築伸行（2010）森林組合の森林・林業政策における役割と事業展開、日本大学経済科学研究所紀要（40）121-133.

Topics ● 4
糸魚川淳二（1995）瑞浪の自然 改訂版、I. 地質を中心に、3-32、瑞浪市化石博物館、瑞浪.

瑞浪市化石博物館（2010）瑞浪の地質と化石、4.瀬戸層群と第四紀層、10-11、瑞浪市化石博物館、瑞浪.

Topics ● 6
今井久（2008）樹木根系の斜面崩壊抑止効果に関する調査研究、ハザマ研究年報、34-52.

杉井俊夫、南基泰、上野薫、松原祥平（2010）植生および地質・地形からみた森林の浸透環境－森の健康診断から浸透マップの構築－、地盤工学会誌、Vol.58, No.9, 14-17.

附録　調査マニュアルと調査票

1．調査地の測定と土壌調査マニュアル（作成者：矢作川森の健康診断実行委員会）

調査地の測定と土壌調査

Start 1 ● 調査地の測定と土壌調査 ●

リーダー　この森はどんな感じがするか、調査手帳に個人の感想を記入してください。
　森の中には自然に生えた木と植えられた木（スギ、ヒノキ）があります。それらを分けて調査します。
　調査を始めるにあたって、朗読係、記録係など、役割を決めます。枠の中を踏まないこと。

朗読　中心木を決めます
次のような木を中心木に決めてテープを巻きます。
林の中で2～3番目の太さの木。
林の天井にあたる部分に達している木。
まっすぐで傷や病気のない木。

朗読　調査枠を張り、写真を撮ります
ロープを使って、落ちている枝を杭にして、5m四方の枠を張ります。
調査地全体の様子が分かるように、斜面の横から写真を撮ります。

ポイント　枠は斜面の向きと平行にします。
写真には地図名とポイント名を書いた札を入れます。

朗読　人工林の種類を判別します
調査票に地図名とポイント名、スギ林か、ヒノキ林かも記入してください。

朗読　緑のダム実験を始めます
ポイント　別途マニュアルに基づきます。

朗読　斜面の方位と傾斜角を調べます
3人必要です。2人が方位磁石と傾斜計を持って斜面の上に行き、もう1人は斜面の下に行きます。

下に立っている人の自分の目の高さと同じポイント
この角度が傾斜角

朗読　落葉層と腐植層を調べます
地面をよく見て観察します。

ポイント

落葉層：枝葉の原形が残っている層
腐植層：枝葉の分解が進み、原形が残っていない層（黒っぽい土）

朗読　調査枠の中を落葉層がどれぐらいおおっているか、3段階から選んでください。まったくない、面積で50%以下、50%以上。

朗読　腐植層の厚さはどれぐらいか、できれば2～3カ所で見ます。
　次の5段階から選んでください。全くない、ところどころある、全体的にあって2cm未満、5cm未満、5cm以上。

ポイント　落葉層を取り除いて、斜面に対して垂直に、ものさしで測ります。

※朗読係は　**朗読**　を読み上げてください

2．植生調査マニュアル（作成者：矢作川森の健康診断実行委員会）

植生調査

2 ● 植生調査 ● （自然に生えた植物の調査）

リーダー 高さ1.3m未満の植物と、1.3m以上の植物に分けて行います。
シダ、ササは含め、コケや菌類（キノコ）は含めません。

●1.3m未満の植物の調査

朗読 草と低木がどれだけ地面を覆っているか調べます

高さ1.3m未満の植物が対象です。面積で、次の5段階のどれでしょうか。20%まで、40%まで、60%まで、80%まで、100%まで。

ポイント

覆われている割合

朗読 草の種類数を数えます

①1.3m未満の植物の葉をとり、草と低木に分けて種類数を数えます。白いビニールシートの上に並べてポイント名を入れて写真を撮ります。

ポイント どうしても採るにしのびないものは、覚えておきます。実生の（自然に生えた）スギやヒノキも含めます。
数を記録したら、シートにポイント名を書いた札を載せて、写真を撮ります。

どうしても判断がつかなければ、雑誌などにはさんで持って帰り、調べるか聞いてみましょう

●1.3m以上の植物の調査

朗読 高さ1.3m以上の植物がありますか。
※なかったら混み具合調査（裏面）へ
※あったら以下の手順で調査します。

朗読 胸の高さで直径を測ります

直径巻尺の使い方をリーダーから教えてもらってください。測る人は大きな声で読み上げ、記録係は復唱してください。測った木にはチョークで印をつけます。

ポイント 高さ1.3mのところの直径を斜面の上側から測ります。タケとササは測りません。細い木はノギスで0.1cm刻みで、太い木は直径巻尺で0.5cm刻みで測ります。直径巻尺がたるんだり、つる植物を一緒に測らないよう注意。株立ちしている木では、1.3m以上の高さのすべての幹を測ります。
これを胸高直径といいます。簡単に測れ、樹木の体積を推定できる、森林調査の一般的な項目です。

←地上1.3m

朗読 樹木の種類数を数える

測った木の葉を白いシートの上に並べて種類数を数えて、写真を撮ります。

朗読 枠を撤収します

植生調査は終わりです。

3．人工林の混み具合調査マニュアル、密度管理表（作成者：矢作川森の健康診断実行委員会）

```
混み具合調査
```

3 ● 人工林の混み具合調査 ●

 もう一度、森に身をあずけてみましょう。できれば寝転がって見てみましょう。
目を閉じて、どんな音が聞こえてくるか、耳をすませてください。

```
朗 読  スギ、ヒノキの枯れた木とタケ
       はあるか調べます
中心木から半径およそ10mの範囲で見ます。
```

枯損木とタケの存在は、人工林の荒れ具合を判断する簡便な指標になります。

↓

```
朗 読  中心木の太さを測ります
斜面の上側から、胸の高さで測ります。

ポイント： 直径巻尺で0.5cm刻みで測ります。
```

```
朗 読  平均直径を求めます
すべて測定し終わったら、記録用紙にしたがって計算します。
```

↓   ↓

```
朗 読  スギ、ヒノキの直径を測ります
中心木の回り100平方メートルの中で調べます。中心木から釣竿を水平に回して行います。
測る人は大きな声で読み上げ、記録係は復唱してください。測った木にはチョークで太さ
を書いてください。

ポイント： 半径5.65mの円の面積が100平方
メートルになります。竿を回す人は、中心が
ぶれないように注意してください。
釣竿が幹の真ん中より手前にあるものが対象
です。
竿の先に触れる程度の木は測定しません。
実生のスギ、ヒノキも測定しません。
```

```
朗 読  平均直径木を決めます
今計算した平均直径に一番近い直径の木を
平均直径木としてテープを巻きます。
```

↓

半径5.65mの円

| 朗　読 | 中心木と平均直径木の樹高を測ります |

ものさしを使います。

:ポイント: 釣竿を持った人が木の下に立ちます。
30ｃｍものさしと木が同じ長さに見えるように持ち、
釣竿の長さとものさしの目盛りとの比率から、
木の高さを割り出します。
樹高測定は誤差が出やすいので皆でやってみましょう。

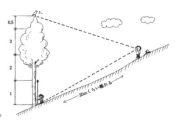

| 朗　読 | 森の健康診断をします |

調査票に基づいて計算して、リーダーから解説を聞きます。

【計算する項目】
○林分形状比
○ha 当たり本数
○平均樹間距離
○混み具合 Sr：密度管理図からも求められます。

| 朗　読 | 終わりに |

リーダーは記録係の調査票を見て、もれがないか確認してください。
チェックシートで、調査器具を確認します。
これで調査は終わりです。

林分形状比は木の体格のようなものです。
70〜80以下なら、雪害や風害に強い林であるといえます

Sr
17〜20%…適正
17〜14%…過密
14%以下…超過密

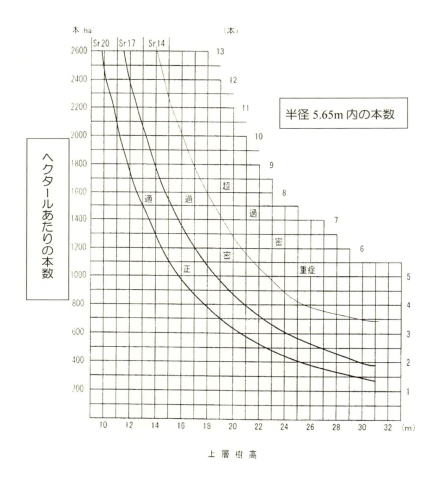

密度管理図（鋸谷式）

4．浸透能調査マニュアル（作成者：土岐川・庄内川源流 森の健康診断実行委員会）

土岐川・庄内川源流 森の健康診断
浸透能調査（緑のダム効果実験）マニュアル

【実験の目的】
1）調査する林の「土壌表面の浸透能」＝「洪水緩和機能」ととらえ、値が良いのか悪いのかを評価する。
2）調査したどの項目が「土壌表面の浸透能」に影響を与えているかを考えてみる。

※調査は学生がやらず、一般参加者の皆さんにやってもらいましょう。
学生の役割は、この実験についてチームをリードすることです！

浸透能測定の目的理解のために・・・

■土壌表面に雨が浸み込みにくいと何が問題か？
　森に降った雨は、一部は木や草の表面に止まりながら蒸発し、その他は土壌に浸み込みます。土壌に浸み込んだ水は粘土などの水を通しにくい土壌層（難透水層）の上を流れて途中で川へと流出し、一部は土壌を移動する間に蒸発し、一部はより深くまで浸み込んで地下水と合流してじっくりと時間をかけて川へと流出します。また、これらの一部は植物にも利用されます。このように降った雨がすぐには川へ流出せずに土壌内をゆっくり移動する状況が、森林の中にあたかも水が貯まっているかのようであることから、このような森林のことを「緑のダム」と呼ぶことがあります。また、水を貯めるこのような森林の機能を水源涵養機能と呼びます。水源涵養機能には、洪水抑制機能と水資源貯留機能（干ばつ緩和機能）、水質浄化機能などが含まれます。
　ここで、集中豪雨の場合を考えてみましょう。雨が降っている場合には、土壌表層の中の空気の多くが水と交換されて、乾いているときよりも雨が土壌に浸み込みにくくなっています。このような状況で、かつ、雨が土壌表面に浸み込む速度よりも降雨速度が勝ってしまう場合には、浸み込まなかった分の雨は地表面をそのまま移動し（これを地表流といいます）、谷を伝って川へとすぐに流出してしまいます（図1）。土壌表面が水を浸み込みにくい状態であればあるほど、雨はすぐに川へ集まることになり、下流域での洪水の危険度が高まります。また、健康な土壌であっても、雨がその土壌の浸透の限界を超えて降ってしまえば、地表流は生じてしまいます。土壌が水をはじきやすい性質を持っていたり、粘土であったりする場合にも地表流は生じやすくなります。
　つまり、土壌表面への雨の浸み込みが早いほど地表流が生じにくくなり、洪水が発生しにくくなると考えられます。もちろん、土壌表面の状況だけで川への流出速度等が決定されるわけではありませんが、少なくとも表面が浸み込みのよい土壌であるほうが洪水は抑制されやすいだろうと考えているわけです。山林全体の流出状況を把握することは難しいということもあり、私たちは土壌表面の水の浸み込みやすさ（浸透能）から洪水緩和機能を推し量ろうとしているのです。

■浸透能調査で分かること，考えたいこと
　土岐川・庄内川源流 森の健康診断では、これまでに、「人工林の管理状況が悪いと、土壌表面に雨が浸み込みにくくなり、洪水抑制機能が低下する」という仮説を立ててい

ます。過去の森の健康診断の調査結果から、人工林の植栽木の密度が過密な場合、その森林の7割は浸み込みが悪い状況となっていることや、低木の本数が多く、草本層の被覆度が高い場合には浸み込みが良い状況にあるという傾向が見えてきており(詳細は第三回土岐川・庄内川源流森の健康診断報告書を参照)、仮説は実証されつつあります。
　私たちは、この調査で土壌表面への水の浸み込む力を「浸透能」と呼び、とても簡単な器具を使ってこれを測定します。自分で測定した浸透能と、過去の値とを比較して、調査した地点の浸透能が良いのか悪いのかを判断してみてください。さらに植生調査の低木の本数や草本層の被覆度などの値と浸透能の結果を比べてみて、雨が降ってきたら調査した林の地表流はどうなるのか、どうしたら洪水はおきにくくなるのか、などを考えてみてください。

■浸透能測定の概要
　直径10cmの塩化ビニールパイプ製の浸透計を土壌中に10cm埋め込み、300mlの水が土壌中に浸透する時間を5回測定します。各回の測定間隔は1分です。1回でも浸透時間が120秒を超えた場合は、そこで測定終了です。測定回数を重ねるごとに水の浸み込みには時間がかかり、ある回数からその時間が安定してくることが観察できるでしょう。その地点の浸透能は、最終的に安定してきた最後の秒数で評価します。雨が降っているときの調査では、最初から120秒を超えてしまうかもしれません。

浸透能の測定手順　(5回測定，測定間隔は1分間)

①役割分担をします。
　■実験リーダー：中部大学生『ダムリーダー』：進行の指示および現象の説明
　　　　　　　　※『ダムサブリーダー』は、以下A〜Dの方への指導
　■記録係り：一般参加者Aさん：記録表への記録
　■浸透計打ち込み・水の注入係：一般参加者Bさん
　■水係：一般参加者Cさん：毎回の300MLの水を準備してBさんに渡す
　■時計係：一般参加者Dさん：ストップウオッチで浸透能・各測定間隔1分の計測(開始5秒前からカウントダウン)

②役割が確認できたら、測定に入ります。
1. 植生調査のために張られたロープ(調査枠)の中に、2ヵ所(調査枠の左下Aと右上B)の浸透能測定点を選ぶ(図2)。浸透計の設置地点は、地表面がなるべく平らな地点を選ぶ。なお、測定地点には絶対入らないように注意する。2回目に測定する地点にはハンカチなどを置いてマークしておく。
2. 浸透計を重力方向にまっすぐ置き、その上端に当て木をしてハンマーでたたき、土壌を乱さないように，また水平にも留意して10cmまで打ち込む(図3)。硬くて打ち込めない場合には、その近辺で打ち込める場所を探す。
3. 浸透計を打ち込み終わったら、浸透計の内側の浸透計壁面に接している土壌を指で軽く押し、隙間がないようにする(最重要！)。
4. 300MLの水をメスシリンダーではかり、浸透計の中に静かに素早く注ぎ込む。浸透計内の地表面を乱さないようにするため、あまり勢いよく注ぎ込まない。水を注ぎ終わると同時にストップウオッチを押し、浸透時間の計測を始める。
5. 注入した水が全部土壌にしみ込んだ時にストップウオッチを押し、水が浸み込むのに要した時間(秒)を記録する(1回目測定値)。
6. 水が浸み込み終わったら再びストップウオッチを押し、1分間測る。この間に2

回目の水300MLを準備しておく。
7. 1分間たったら、水300MLを同様に注ぎ込み、同様に浸透時間（秒）を計測、記録する（2回目測定値）。
8. 2回目の測定が終了したら、1分間測り、1分間たったら、再び300MLの水を同様に注ぎ込み、浸透時間（秒）を計測、記録する（3回目測定値）。
9. 同様に4回目，5回目の測定を行う。
10. これで1地点の測定は終了です。
11. 以上の1～10までを同じ調査枠内のもう1地点で行う。

　　注意1）浸透時間は120秒まで測定してください。それ以上かかる場合には、「120秒以上」と記録してください。この場合、測定は5回ではなく120秒かかった時点で終了です。
　　注意2）林内は暗く、表層の状況によっては浸透終了のタイミングが分かりにくいことがあります。判断のポイントは、「浸透計中心部の表層の水膜が見えなくなった時点」です。班のメンバーの複数名で「終わり！」などと声を出し合って判定してください。最終判断は、実験リーダー（中部大学生）に任せてください。

③浸透能の評価をしてみましょう。
下の表１に従って、調査地点それぞれの浸透能の評価（良い～極めて悪い）を記入表に記入し、全体としてはどう評価するべきかを考えて最終評価も記入して下さい。<u>使う値は、5回のうち安定した値（最も時間がかかった値）としてください．</u>

表１　浸透能の評価基準

浸透能（秒）	評価
0－30	良い
31－60	ふつう
61－90	やや悪い
91－110	悪い
111以上	極めて悪い

参考：　2006年度・2007年度の浸透能

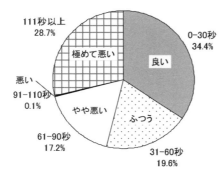

★浸透能と，下記項目との関係をみて考えてみよう！★

以下は浸透能の向上に寄与すると考えられた項目です（2006～2010年度結果より）。
①草本層被覆率が高い（80%以上）。
②植栽木以外の樹木の本数が多い（10本以上）。
③胸高断面積合計（BA）が低い（39以下；成長限界まで植えていない）。
④相対幹距比（Sr）が高い（19%以上の適正からやや粗密側）。
　（①～④は雨滴衝撃を緩和する項目と考えられる）。
⑤有機物量が多い（強熱減量の値が高い）ほど空気が多く含まれ，浸透能は高くなる。
　腐植の厚さからも推察可能

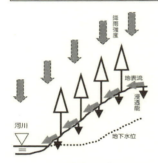

図1 浸透能の考え方
浸透能が低いと地表流が生じやすい

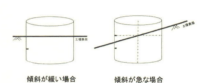

図3 浸透計の設置方法

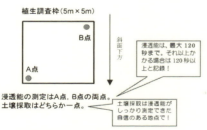

図2 測定地点の選択

5．浸透能実験調査票（作成者：土岐川・庄内川源流 森の健康診断実行委員会）

１．人工林の植生調査票 【植栽木以外の調査】

地図名	ポイント	GPS
		北緯
		東経

調査地メモ：＿＿＿＿＿＿＿＿＿＿＿

調査日：　　　年　　月　　日
調査者：グループ名＿＿＿＿＿＿＿
　　　　リーダー名＿＿＿＿＿＿＿

● 立地と土壌
○森林の種類　　　　：　人工林　植栽樹種（　スギ　ヒノキ　カラマツ　）
　　調査面積　　　　：　5 × 5 m
　　標　高　　　　　：　　　　m

○斜面の向き　　　：　北　　北東　　東　　南東　　南　　南西　　西　　北西

○斜面傾斜角度　　：　　　　　°

○落葉層の状況：　　　ない　　まだら　　　　　　ある
　　　　　　　　　　　　　（被覆率0～50%）　（被覆率50％以上）
○腐植層の状況：
　　　　　ない　　まだら状　　ある（0～2cm　　2～5cm　　5cm以上）

● 林床の植生
・草と低木の調査（高さ1．3m未満の木本、草本が対象）：
○被覆率：0～20　20～40　40～60　60～80　80～100％

○草の種数：草　　　　　　種類

○低木の種数：木　　　　　種類

● 樹木【植栽木以外の調査】の調査（高さ1．3m以上の木が対象）：
○胸高直径ＤＢＨ
　　（高さ1．3mの位置で測定）：

○種数：　　　　　　種類

2．人工林の混み具合調査票　【植栽木のみの調査】

地図名	ポイント名

調査地メモ：＿＿＿＿＿＿＿＿＿＿＿＿＿

調査日：　　　　年　　月　　日
調査者：グループ名＿＿＿＿＿＿＿＿
　　　　リーダー名＿＿＿＿＿＿＿＿

調査面積：１００m²　（半径５．６５mの円）

①林分の状況：枯損木（　なし　、　あり　）、タケの侵入（　なし　、　あり　）
　　　　＊：中心木から半径１０m程の範囲を観察

②胸高直径ＤＢＨ（５mm括約）：

主な樹種（　　　　　）

中心木		樹種	胸高直径(cm)		樹種	胸高直径(cm)
	1			21		
	2			22		
	3			23		
	4			24		
	5			25		
	6			26		
	7			27		
	8			28		
	9			29		
	10			30		
	11			31		
	12			32		
	13			33		
	14			34		
	15			35		
	16			36		
	17			37		
	18			38		
	19			39		
	20			40		

胸高直径の計	cm
樹の本数	本
平均直径	cm

③樹高・枝下高：
〇測定方法
　□釣竿と目測
　□ものさし
　□その他（　　　　　）

	樹高	枝下高
中心木	m	m
平均直径木	m	m

④平均林分形状比：
平均直径木の樹高(m)÷平均直径(m)

＿＿＿＿＿＿＿＿＿＿＿＿＿

⑤ha当たり本数（P）：
釣竿内の本数×100

＿＿＿＿＿＿＿＿＿＿本／ha

⑥平均樹間距離（A）：
√100÷釣竿内の本数

＿＿＿＿＿＿＿＿＿＿m

⑦混み具合（Sr）：
平均樹幹距離÷中心木の樹高×100

＿＿＿＿＿＿＿＿＿＿％

3. 土岐川・庄内川源流 森の健康診断
浸透能実験 調査票

参加者全員で参加してください。
浸透能リーダーは、本紙に全ての項目が記入されているかどうかを現場で必ずチェックしてください。

班名	
調査地名	
記入者	

★浸透能評価の基準（これまでのこの地域の結果から）
よい（0～30秒）　ふつう（31～60秒）
やや悪い（61～90秒）　悪い（91～110秒）
極めて悪い（111秒以上）

調査日・時刻　　　年　月　日（　）　午前/午後　　時　分～　　時

天候

調査時の地表面の状況（該当に○）：雨水が地表面を流れている，濡れている，ほぼ乾いている

地形（該当に○）：　谷すじ，　尾根，　比較的平ら

地点A	浸透に要した時間（120秒までは秒数をそのまま記録，それ以上は「120秒以上」と記録）					土壌採取の円筒番号（C-1などと記載）		★浸透能評価
	300cc 1回目	300cc 2回目	300cc 3回目	300cc 4回目	300cc 5回目	上層	下層	
	分　　秒	分　　秒	分　　秒	分　　秒	分　　秒			
	特記事項	特記事項	特記事項	特記事項	特記事項	特記事項	特記事項	

※120秒以上かかった場合には1回のみの測定で結構です。

地点B	浸透に要した時間					土壌採取の円筒番号（C-1などと記載）		★浸透能評価
	300cc 1回目	300cc 2回目	300cc 3回目	300cc 4回目	300cc 5回目	上層	下層	
	分　　秒	分　　秒	分　　秒	分　　秒	分　　秒			
	特記事項	特記事項	特記事項	特記事項	特記事項	特記事項	特記事項	

注1）土壌試料の採取は，地点Aか地点Bのどちらか1地点を選び行ってください。
注2）採取しなかった地点の「円筒番号」の欄には×を大きく記入してください。
注3）特記事項には，地表の様子，土壌の固さ，その他気づいたことを記入してください。
注4）浸透能評価に使った値には○をつけておいてください。

自由記入欄（感想など）

植生調査枠（5m×5m）
B点
A点
斜面下方

浸透能は、最大120秒まで、それ以上かかる場合は「120秒以上」と記入！

浸透能の測定はA点、B点の両点、土壌採取はどちらか一点。
土壌採取は浸透能がしっかり測定できた自信のある地点で！

図　測定地点の選択

★最終浸透能評価

(執筆者プロフィール)

上野　薫（うえの　かおる）　博士（学術）
1969年神奈川県生まれ。
中部大学応用生物学部環境生物科学科・講師
専門分野：土壌圏管理学
土岐川・庄内川源流森の健康診断には、第1回（2005年）から調査研究チームスタッフとして参加。第5回（2010年）以降は学生リーダー育成の中心的役割を担う。

鈴木　康平（すずき　こうへい）
1950年愛知県生まれ。
国土交通省中部地方整備局（2016年3月退職）、土岐川・庄内川流域ネットワーク事務局長
第1回（2005年）から土岐川庄内川流域ネットワークの事務局担当者として運営に関わる。

柘植　弘成（つげ　こうせい）
1942年岐阜県生まれ。
畜産業、1995年から2012年まで恵那市議
現在は壮健クラブ（老人クラブ）連合会会長、恵那中部用水管理組合組合長
第1回（2005年）から土岐川・庄内川源流森の健康診断実行委員会代表を務める。

寺井　久慈（てらい　ひさよし）　理学博士
1941年熊本県生まれ。
名古屋大学水圏科学研究所・助手、同大気水圏科学研究所・助教授を経て、中部大学応用生物学部・教授（2011年退職）、2010年より2016年まで名古屋大学博物館研究協力者
専門分野：陸水学
土岐川・庄内川源流　森の健康診断の仕掛け人の一人。中部大学恵那キャンパスを拠点として、学生の参加を最大限に活用した「浸透能測定」を取り入れて元祖「矢作川森の健康診断」と差別化を図る。

南　基泰（みなみ　もとやす）　博士（農学）
1964年福井県生まれ。
中部大学応用生物学部環境生物科学科・教授
専門分野：分子生態学、薬用植物学
土岐川・庄内川源流　森の健康診断では、植生調査の講義、自然観察コース講師などを担当。

村上　誠治（むらかみ　せいじ）
1951年愛知県生まれ。
製菓会社の開発研究室を経て愛知県保険医協会事務局
現在は、恵那　森・川・里の恵み研究所所長、ジビエの里山舎副代表
土岐川・庄内川源流　森の健康診断では第1回（2005年）から事務局を担当。

中部大学ブックシリーズ　Acta 26
土岐川・庄内川源流　森の健康診断
～恵那の森からの学び～

2016 年 5 月 30 日　第 1 刷発行

定　価　（本体 800 円＋税）

編　著　上野　薫　　南　基泰

発行所　中部大学
　　　　〒487-8501　愛知県春日井市松本町 1200
　　　　電　話　0568-51-1111
　　　　ＦＡＸ　0568-51-1141

発　売　風媒社
　　　　〒460-0013 名古屋市中区上前津 2-9-14 久野ビル
　　　　電　話　052-331-0008
　　　　ＦＡＸ　052-331-0512

ISBN978-4-8331-4126-0